电气信息类专业
毕业设计(论文)指导教程

主　编　顾　涵

副主编　张惠国　范　瑜　况亚伟

科学出版社

北　京

内 容 简 介

本书在内容上本着理论与实践并重的原则，共分7章，前三章对大学本科毕业设计（论文）的意义、组织实施、管理监控作介绍，后四章分别对电子信息工程、电子科学与技术、光电信息科学与工程、自动化专业毕业设计（论文）的要求进行阐述，同时对选题和示例进行分析。本书结合毕业设计（论文）指导的实际需要，针对毕业设计过程中的常见问题给予指导。全书内容丰富，力求理论联系实际，有很好的可操作性。本书给出的毕业设计（论文）示例参考价值较高。

本书可供正在进行或即将进行毕业设计（论文）的电气信息类专业的学生使用，也适合于毕业设计（论文）指导教师及有关的教学管理人员参考、使用，同时可供各大院校相关专业学生开展毕业设计（论文）时参考。

图书在版编目（CIP）数据

电气信息类专业毕业设计（论文）指导教程/顾涵主编. --北京：科学出版社，2018.11

ISBN 978-7-03-059269-9

Ⅰ. ①电… Ⅱ. ①顾… Ⅲ. ①电气工程-毕业设计-高等学校-教材 ②信息技术-毕业设计-高等学校-教材 Ⅳ. ①TM ②G202

中国版本图书馆CIP数据核字（2018）第249399号

责任编辑：余 江 张丽花 梁晶晶/责任校对：郭瑞芝

责任印制：吴兆东/封面设计：迷底书装

科 学 出 版 社 出版

北京东黄城根北街16号

邮政编码：100717

http://www.sciencep.com

北京中石油彩色印刷有限责任公司 印刷

科学出版社发行 各地新华书店经销

*

2018年11月第 一 版 开本：787×1092 1/16

2019年11月第二次印刷 印张：11

字数：268 000

定价：45.00元

（如有印装质量问题，我社负责调换）

前　言

毕业设计(论文)是完成教学计划达到本科生培养目标的重要环节。它通过深入实践、了解社会、完成毕业设计任务或撰写论文等环节，着重培养学生综合分析和解决问题的能力、独立工作的能力、组织管理的能力；同时，对学生的思想品德、工作态度及作风等方面都会有很大影响，对于增强事业心和责任感，提高毕业生的全面素质具有重要意义。毕业设计(论文)是学生在校期间后期学习的综合训练阶段；是学习深化、拓宽、综合运用所学知识的重要过程；是学生学习、研究与实践成果的全面总结；是学生综合素质与工程实践能力培养效果的全面检验；是学生从学校学习到岗位工作的过渡环节；是学生毕业及学位资格认定的重要依据；是衡量高等教育质量和办学效益的重要评价内容。

本书由电气信息类专业教师编写，希望把多年指导电气信息类专业学生毕业设计的教学经验和教学实践成果融入书中，为电气信息类专业学生进行毕业设计提供一本高质量的指导教程。本书选材注意把握电气信息类相关专业学生的知识背景与接受能力，以内容的新颖性、实例的应用性、教程布局的系统性激发学生的阅读兴趣，帮助学生更好地完成毕业设计(论文)任务。

全书共分 7 章。第 1～3 章对大学本科毕业设计(论文)的地位和意义、基本规范、工作规程，毕业设计(论文)的选题、安排、开展，毕业答辩的工作规程、成绩评定，以及毕业设计(论文)的组织管理、质量监控、材料归档等方面的内容进行详细阐述；第 4～7 章分别阐述电子信息工程专业、电子科学与技术专业、光电信息科学与工程专业和自动化专业毕业设计(论文)的基本要求，对毕业设计(论文)的选题和示例进行分析。

本书第 1～5 章由顾涵编写，并负责全书的统稿；第 6 章由范瑜、况亚伟编写；第 7 章由张惠国编写。

由于编者水平所限，同时电气信息类学科的发展极为迅猛，知识更新很快，书中难免存在不妥之处，敬请广大读者和专家批评指正。

编　者

2018 年 7 月

目　　录

第1章 概 述

毕业设计(论文)是本科专业人才培养计划中最后一个综合性实践教学环节，也是学生毕业及学位资格认定的重要依据。毕业设计(论文)工作的目的是培养学生综合运用所学基础理论、专业知识和基本技能来分析与解决实际问题的能力。因此，毕业设计(论文)工作应注重学生独立工作和研究能力的锻炼，重视学生创新精神和创造能力的培养。

根据教育部颁发的本科专业参考目录，电气信息类专业包括电子信息工程、电子科学与技术、光电信息科学与工程、自动化、通信工程等多个专业。这些专业除了要求学生具有较好的理论知识功底和良好的逻辑思维能力，还特别强调要求学生具有很好的工程应用能力、软硬件设计能力、分析问题和解决问题能力。尤其是电气信息类各专业知识更新快，新理论、新知识、新技术层出不穷，要求学生具有对新知识的敏感性，具有较好的创新意识。毕业设计(论文)在这些方面对学生的培养有着十分重要的作用。

1.1 毕业设计(论文)的地位和意义

1.1.1 毕业设计(论文)的地位

毕业设计(论文)是高等学校教学组织过程的重要阶段，是实现培养目标和检验教学质量的关键环节；毕业设计(论文)是对学生运用所学理论和知识的全面总结与综合训练，是对学生专业素质及能力培养效果的整体检验；毕业设计(论文)的写作成果是学生毕业及学位资格认证的重要依据，是对学生进行业务能力评价的最主要内容。因此，毕业设计(论文)在高等学校的人才培养中占有特殊的重要地位。毕业设计(论文)对学生、学校和社会各方面都发挥着相当重要的作用，归纳起来，主要表现在以下几个方面。

(1)毕业设计(论文)的写作在学生的成才过程中具有培养精神、强化素质和提高能力的作用。

学生撰写毕业设计(论文)，首先要运用所掌握的基本理论、基本知识、基本方法和技能，研究与探讨社会实践中提出的理论问题及实际问题。完成毕业设计(论文)，学生就要理论联系实际、了解实际、研究实际。同时，为了更好地解决理论和实践问题，还要在毕业设计(论文)写作过程中进一步完善自己的知识结构，学习必要的、更多的知识，运用所学理论、知识、方法和技能对新的问题进行探索。因此，毕业设计(论文)的认真写作对培养学生的求实创新精神、强化科研素质、提高实践决策能力具有重要作用。

(2)毕业设计(论文)是学校教学计划中课程设置的重要内容，在学校对人才的培养、评价和总结提高过程中具有重要作用。

高等学校是人才培养的重要基地，人才培养的规格、模式至关重要。为了实现高规格的人才培养目标，学校要制订相应的培养方案，设计科学合理的课程体系。课程体系中除了公共基础课、专业基础课、专业课外，必要的教学实习、生产实习，特别是毕业设计(论文)的写作也是重要的课程组合。通过毕业设计(论文)的教学过程，能使学生进一步巩固所学的基本理论、基本知识和基本技能，使之系统化、综合化，培养学生综合运用所学理论、知识和方法分析问题与解决问题的能力，有益于学生科学智能结构的形成和全面素质的培养，使学生成为具有较高素质和能力的高级专门人才。高等学校对学生的培养质量高低，是否符合人才培养的规格和要求，社会评价是一个重要方面。毕业设计(论文)的写作水平能从更高层次和整体角度检验与评价学生的素质及能力，能够反映学生的科研能力和学识水平。如果学生毕业设计(论文)的整体水平高，说明学校的人才培养规格高、有水平，是合格的。学校通过检查和考核学生毕业设计(论文)的教学环节，不仅要对教学质量和人才培养状况作出客观评价，更重要的是要在评价基础上找到学校教学与整个人才培养过程中的薄弱环节——是在培养方案方面不够完善，还是在教学内容上不尽合理，或是在教学方法、教学手段及管理等方面有偏差。要针对存在的问题对学校的教学和人才培养等各项工作进行认真总结，并制订行之有效的改进措施，不断提高教学质量和人才培养质量。

(3)毕业设计(论文)是社会对毕业生进行考查、评价的重要依据。

用人单位在选择毕业生时，不仅要看学生个人的自荐材料，越来越多的用人单位从学生的毕业设计(论文)选题、写作水平、教师评语等更具体的方面来考查与评价毕业生的素质和能力，了解毕业生的科研水平及逻辑思维能力，直至决定是否录用。可见，毕业设计(论文)已成为社会特别是用人单位考查、评价乃至录用毕业学生的重要内容和尺度。实际上，学生的毕业设计(论文)写作水平和质量也展示了一个学校的教学水平与人才培养质量。

1.1.2 毕业设计(论文)的意义

毕业设计(论文)是学生在大学学习过程的最后一个阶段，在教师指导下，针对某一实践或理论课题，综合运用所学的各类知识，力求用较好的方式予以实现的思维、实践过程，也是一个总结和书面表述过程。这个过程既是学习、实践的过程，也是总结、提高的过程。通过毕业设计，可以锻炼和提高学生的综合能力，加深对所学知识的理解，扩大知识面，提高文字表达能力。

(1)能培养学生综合运用所学知识处理实际问题的能力。

在大学理论学习期间，通过各门独立的课程将知识传授给学生。然而要解决实际问题，光有这些课程的知识是不够的，还需要将这些知识综合起来加以运用。

毕业设计(论文)就是培养学生综合运用所学知识去处理实际问题的一个教学过程，认真做好这一教学环节，会使学生的综合能力及适应能力得到普遍提高。

(2)能培养学生全面地考虑问题、抓住主要矛盾加以解决的工作方法。

在生产实践和社会实践中，各种事物相互关联，相互影响。例如，某个工程的实施，既要进行可行性分析，考虑经济上是否可行，又要对以后能否顺利地发展、是否会产生环境污染等问题加以全面考虑。

毕业设计(论文)的课题一般来自生产实践，学生在进行毕业设计(论文)时，必然会遇到这类问题。通过毕业设计，学生就可以在教师的指导和帮助下，尽快接触到这方面的知识，学会处理这类问题的方法。

(3)能培养学生围绕问题想方设法以求得解决的顽强意志。

科技工作者在解决一个科技问题时，除了需要顽强拼搏的坚韧意志外，有时还需要有触类旁通的悟性。通过毕业设计(论文)，学生可以受到这方面的基本训练，学习、掌握这一方法。

(4)能提高学生的文字表述能力和口头表达能力。

作为一个科技工作者，完成某一项工作后，写出一份报告、作一些总结是经常要做的工作。毕业设计(论文)既要提交一份书面材料，又必须在答辩中对自己的观点和工作成果进行阐述。这些工作在其他教学环节中往往难以遇到，学生可以通过这一教学环节，锻炼自己的工作总结和表达能力。

(5)有利于对学生的全面培养。

毕业设计(论文)是教学、科研、社会主义建设相结合的一个重要的结合点。由于执行时可能要进企业，要实践，要进行社会调查，要和社会各界接触，因此，这一环节将对学生的思想品质、工作态度、工作作风的培养起着巨大的作用，甚至影响他的一生。

(6)能为学生从学习阶段进入工作阶段提供一个锻炼的缓冲期，以实现平稳过渡的目的。

学生毕业走向社会后，将有许多环境等待他去适应，有许多困难等待他去克服，有许多工作等待他去完成。从一个在学校过惯了按部就班生活的学生成为一个从事社会主义建设工作的技术人员，将是一个突变。对于这种突变，大多数学生可能不太适应，他们在进入社会后，一般会面临如何安排时间、如何待人处事、如何对待生活等问题，这些对于刚进入社会的青年来说，都是新课题。

在毕业设计(论文)阶段，由于不再按课表上课，因此在如何进行时间安排上，学生的自由度加大了。指导老师一般都是宏观指导，抓进度，而不具体安排每一个时间细节。学生遇到问题时，可以去找老师，也可以请教某个专家，还可以与同学共同讨论研究。这样，在毕业设计期间，学生可以逐渐调整只按课表上课的学习习惯。经过这几个月的过渡，再进入社会，不适应感就不会那么强烈了。

总之，为了学生的健康成长，为了给他们平稳地步入社会创造条件，毕业设计(论文)的安排是必需的。

1.2 毕业设计(论文)的基本规范

毕业设计(论文)是学生必须经历的教学环节。完成毕业设计(论文)是本科学生正常毕业、获取学士学位的必要条件。每个本科学生都必须进行毕业设计(论文)。毕业设计(论文)一般安排在第八个学期进行，不同专业的毕业设计(论文)时间长短有所不同，但每个学生都必须在教学培养方案所规定的时间内完成毕业设计(论文)任务。一般应该是一个学生选择一个毕业设计(论文)课题，也可以多名学生共同完成一个大课题，还可以前后几届学生“接力”，共同完成一个大课题。不管哪种情况，都必须保证每个学生有独立、明确、饱满的工作任务。

1. 理工类

理工类毕业设计(论文)可以分为下述几种类型：工程设计、理论研究、实验研究、软件开发等。结合学校情况，分别对这几种类型的毕业设计(论文)提出以下具体要求。

(1)工程设计类。

各学院可根据不同专业的特点，对学生工程设计工作量提出要求。学生应根据要求独立绘制一定量的工程设计图纸，并撰写一份7000字左右的设计说明书。

(2)理论研究类。

学生应对选题的目的、意义、本课题国内外的研究现状进行综述，提出理论的基本依据，通过分析提出自己的方案，并进行建模、仿真和设计、计算等。论文字数应在1万～1.2万字。

(3)实验研究类。

学生应在阐明实验研究目的的基础上，从制订实验方案开始，独立完成一个完整的实验。应取得足够的实验数据，并对其进行分析和相应的处理，给出必要的实验曲线、图表，得出实验结论。论文字数应在1万字以上。

(4)软件开发类。

学生应独立完成一个应用软件或较大软件中的一个或多个模块设计、调试，保证足够的工作量，同时要写出8000字左右的软件使用说明书和论文。

2. 文、经、管类

文、经、管类毕业论文可以分为下述几种类型：专题、论辩、综述、综合等。

(1)专题类。

专题是专门论述某一学科中的某一学术问题的学术论文。撰写这种论文，要求在前人研究成果的基础上，以直接论述的形式，从正面提出对某一学科中某一学术问题的新见解。

(2) 论辩类。

论辩是根据充分的论据，针对他人在某一学科中的某一学术问题的见解提出其问题，通过辩论来发表新见解。

(3) 综述类。

综述是归纳、总结、介绍或评论古今中外人士对某一学科中的某一学术问题的见解。

(4) 综合类。

综合是将综述类和论辩类两种形式结合起来的一种论题。

以上四种类型的论文均要 1 万字以上。

另外，外语专业毕业论文选题的确定要符合外语教学大纲的基本要求，与所学专业的内容衔接。毕业论文要用所学的第一外语撰写，语言要正确规范，通顺得体；毕业论文的篇幅为 4000～5000 个外文单词；英文摘要为 200～300 个单词，并有相应的中文摘要。

1.3 毕业设计(论文)的工作规程

毕业设计(论文)实施的工作规程一般如图 1.1 所示。

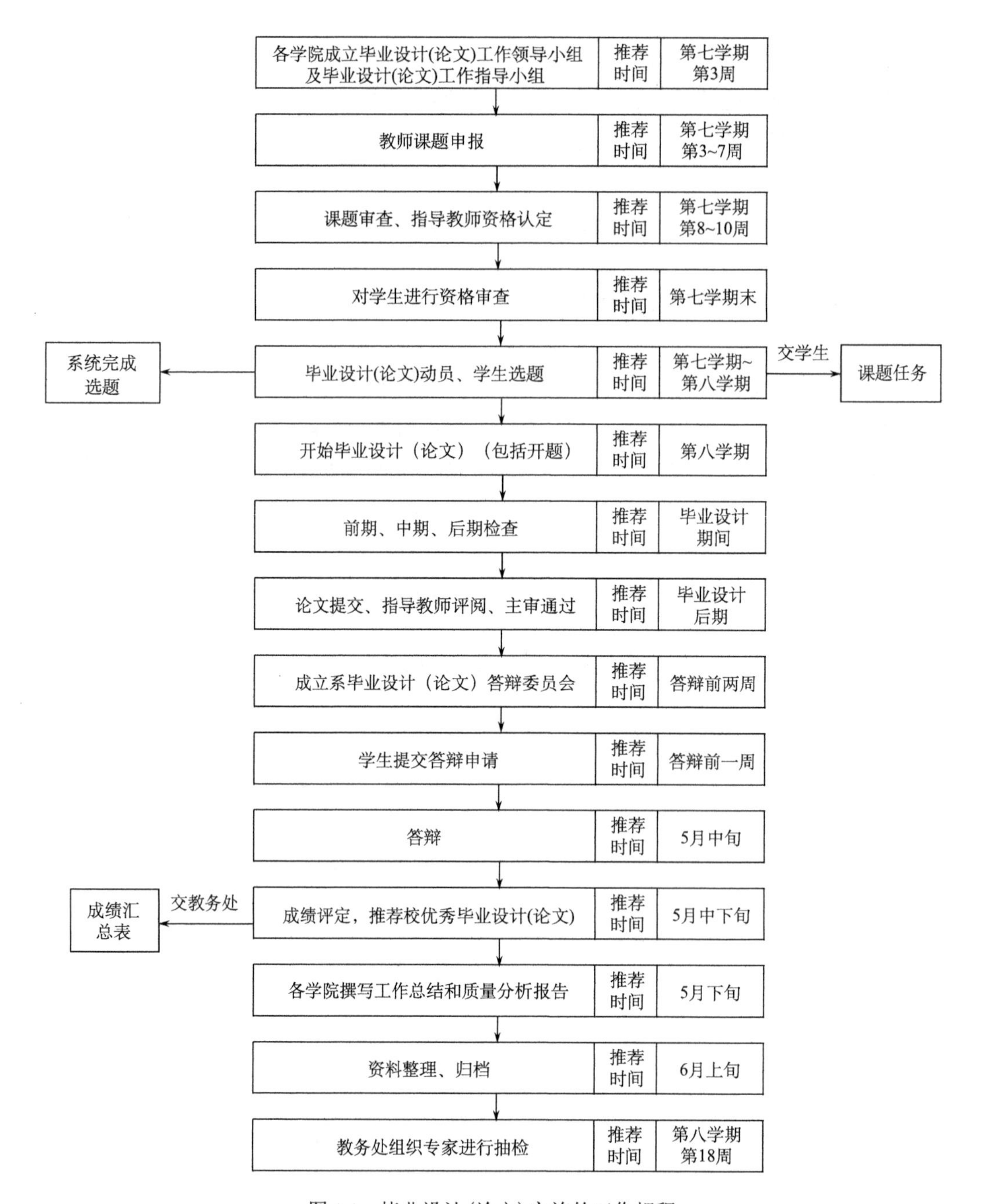

图 1.1　毕业设计(论文)实施的工作规程

第2章　毕业设计(论文)的组织实施

2.1　毕业设计(论文)的选题

正确、恰当的选题是做好毕业设计的前提。毕业设计(论文)选题应尽可能结合各自专业学习的实际，有一定的理论意义或实际应用价值。毕业设计(论文)选题难度和工作量要适当，使学生在规定时间内经过努力能够完成。原则上应一人一题，对确需由多名学生共同完成的课题，必须明确由每名学生独立完成的内容。选题工作由学院系科负责，指导教师应根据专业性质和各自的研究专长拟定选题，陈述选题理由并论证选题的先进性、可行性，交系科讨论审定，汇总后报学院主管教学院长批准。

1. 选题原则

学生选题必须符合专业培养目标，充分体现专业综合训练的基本要求，一人一题。题目要与所学专业、科学研究、经济建设、文化建设和社会发展等紧密结合，具有一定的实际价值或理论意义，且难易度和工作量要适当。学生要积极与指导教师取得联系，获得指导教师及时的指导。

实际选题时应牢记：

(1)避免选择过于宽泛或过窄、过于生僻的课题，选题应有较具体的切入点。

(2)选题应该有意义，有新意，观点正确、明确。

(3)选题应在个人能力可及范围之内。

(4)确定选题之前，对该选题所涉及的资料有充分的了解。

(5)通过对该选题的论证和分析，能得出较客观公正的结论。

在选择毕业设计课题时，一般应满足下列几方面的要求。

(1)毕业论文(设计)题目必须从本专业的培养目标出发，满足教学的基本要求，体现本专业基本训练的内容，使学生得到比较全面的训练。

(2)选题尽可能结合生产实践、科研和实验室建设的实际任务，题目可根据各专业的特点及指导教师与学生的不同条件选择，原则上不要选择综述式题目。

(3)选题要注意基本技能的综合训练，对于方案设计、实验与数据处理、绘图、资料查阅以及计算机应用等训练内容应综合考虑。

(4)毕业设计课题难度要适当，分量要合理，涉及的知识范围、理论深度要符合学生在学校所学理论知识和实践技能的实际情况，使每名学生经过努力都能在规定的时间内完成毕业设计任务。对能力强的优秀学生可适当加大分量和难度。

(5)选题应力求有益于学生综合运用多学科的理论知识与技能，有利于培养学生的独立工作能力。题目的难度和分量要适当，使学生在规定的时间内工作量饱满，通过努力能完成任务。

(6) 毕业设计题目原则上一人一题。如果多个学生共同承担一个大课题，则要求每个学生必须对整个课题有全面了解，要明确每个学生独立完成的任务，并确保工作任务饱满；如果选择老课题，则必须做到“老题新做”，要有新的内容和新的要求。

(7) 课题的类型可以多种多样，应贯彻因材施教的原则，鼓励学生自选课题，使学生的创造性得以充分发挥。

(8) 毕业设计课题一经审批确定，就不得随意更改。更换课题必须经相应的程序审批。

2. 选题的目的

(1) 信息整理和提炼。

尽管一开始盲目地涉猎各种信息资料有助于确定选题，但如果没有选题的目标或缺少选题的领域作为要求，搜集资料就会有极大的盲目性，往往造成时间和财力的极大浪费。同时，在着手准备论文材料的过程中，由于资料内容的刺激，脑海中会涌现出各种思想和观点。许多问题会激起自己发表议论和进行创作的灵感，这就是思想火花，是论文写作语言的源泉。这些灵感、思想和观点对论文写作是十分宝贵的。它们往往是多头绪的、杂乱无序的。只有根据论文选题的要求对其进行选择整理后，才能为论文所利用。论文选题为我们整理和提炼信息提供了一个很好的依据。

(2) 明确论文的研究方向。

选题是论文写作的第一步，是论文成功的首要决定因素，因为它决定论文的研究方向。如果选题不当，论文思想走进了死胡同，最后则很难完成论文。选题正确与否，对后续整个研究写作过程能否顺利进行，论文能否通过答辩，有着决定性作用。

(3) 明确论文的学术和应用价值追求目标。

毕业设计(论文)选题应能回答和解决现实生活或学术研究领域中的问题。作者必须对自己论文的现实应用价值或学术价值有明确的定位。论文选题对整体论文价值起着先决性的作用。

(4) 找到合适的切入点。

论文写作过程中，学生常常感到无从下手，这就是切入点不明确所致。切入点不明确的根本原因就是选题不明确，没有方向，没有抓住主要矛盾。毕业设计(论文)必须有一个切入点，即抓住论文的突破口。作者在确定选题的过程中一项重要的工作就是寻找切入点。选题一经确定，也就基本选定了突破口。

(5) 理顺写作思路。

选题是理顺写作思路的基础。在确定选题前，人们的思想往往相当松散，没有聚焦。因此，不可能围绕一个中心点进行严密的逻辑性思考，写作思路也就无从理清。选题确定以后，作者就能够构思论文整体布局：组成部分、如何衔接、创新点、材料运用、如何论证等。好的论文必须有严密的逻辑结构、观点有创新、论述充分有力、层次分明、材料运用恰当，而这些都要求以正确、有价值的选题为基础。选题过程也就是论文的初步构思与论证过程。耗费一定时间，确定一个好的选题，有助于理顺论文的写作思路。

3. 选题的基本类型

从毕业设计(论文)的教学目的和上述选题原则出发，毕业设计(论文)课题有以下几类。

(1)完成教学训练的基本课题。

这种类型的题目主要以完成教学培养为目的，满足专业培养方案要求。针对专业的某个或某几个方向综合要求，完成对学生全面、系统的训练。指导教师应熟悉题目完成的每一个环节，以便于掌握毕业设计实施的全过程。

(2)既能达到教学目的，又能与现实生产、科研和实验室建设相结合的课题。

这类课题往往是教师的科研课题，也可能是实验室建设中遇到的课题，或是企业、公司生产实践中迫切需要解决的问题。它们一般是工程型的课题，往往具有共同的特征，都是“真刀真枪”的课题。

这类题目对培养学生确立正确的设计理念、设计思路和设计方法，培养学生严肃认真、严谨求实的工作态度极为有益。因为学生可以通过毕业设计，经历一个工程开发基本过程的训练，学会工程实践课题的开题方法、设计思路和技术路线的选择、参考文献的查找方法、开发方案的选定、系统制作和调试；培养一丝不苟、严谨的工作作风。学到成功的经验，也可能有一些失败的教训，对由于工作失误带来的损失，也都会有切身感受。

这类题目，在有条件的学校，还可以安排已被录取攻读硕士学位的学生去做。待学生本科毕业后，可以安排他们在攻读硕士学位期间，继续参加课题的后续研究、开发工作。

对于企业的这类题目，可以安排将到该企业就业的学生去做，待学生毕业后，可以继续从事该课题的工作。这样，对学生自身的进步，以及尽快熟悉了解公司工作环境，方便日后工作的开展很有帮助。

(3)研究性课题。

这类题目需要从理论上对专业学科中的一些课题进行探讨。学生在教师的指导下，大量地查阅文献资料，了解学科领域的新动态、新理论、新方法，掌握新技术、新软件，消化吸收，写出较好的资料综述。对已有理论或技术进行新的论证。对这些理论和技术在新领域中的运用进行探索和创新，提出新见解或新的实施意见。这类课题通常以毕业论文的形式提供成果。

4. 选题时应注意的几个问题

(1)选题过大。

自己的综合能力达不到，驾驭不了；再者选题涉及的面太宽，相关材料难找，时间也不允许。由此造成的后果往往是：分析没有深度、不透彻，论文的价值大打折扣；涉及面广，搜集材料过多，问题复杂，千头万绪，文章显得零乱，不得要领；容易大而空，不能切中要害，不能切实提出和解决理论及现实中的新问题，没有创新；由于理论水平和专业知识的局限，写作中力不从心，语言枯竭，思维迟钝，常常半途而废，浪费时间。例如，一位学生开始确定了《单片机技术应用中的编程方法研究》的题目，结果费了九牛二虎之力写出的论文，第一次答辩没有通过，被要求重写。

(2)不能量力而行。

这里的能力，一方面是主观上的，如兴趣、爱好、知识结构、实践经验、独立研究能力、对所选题目的熟悉程度、语言组织能力等；另一方面是客观上的，如时间限制、信息资料、图书设备、选题的研究现状等。超越自己能力的选题与上述选题过大有密切的关系。有些学生没有正确评估自己的综合能力，以及客观条件的制约，以至于选择了一个过大的题目。例如，一位学生确定的选题为《模糊算法在循迹功能中的应用》，经指导教师了解，该学生没有采用模糊算法进行编程的实践经验，其主观愿望可能是追求“浅见”，但由于超越了其能力，结果连“浅见”也达不到。有些学生选题超越自己的能力，一种原因是，以为指导教师会替其准备资料、优化论文结构、补充新的观点，这是极其不对的。毕业设计(论文)是学生自己的创新，指导教师的主要责任是把握方向、启发思维、质疑观点、帮助其立于前沿、超越难点等。

(3)没有针对性，避重就轻。

有些学生的选题没有针对性，随便选一个题目，难点问题不提，重点问题轻描淡写，凑足文字一交了之。这种思想反映在选题上就表现为：哪些在书上最容易找到文字、杂志上相关文章比较多，就选哪个；也表现在选题缺乏针对性或回避实践问题。

(4)缺乏兴趣。

自己确定的选题，本身缺乏兴趣，在自己的思想观念中首先就有“食之无味”的感觉。这样在写作过程中难以激发出热情和积极性，没有思维的激情，会造成围绕选题的思维迟钝、语言呆板。有些学生平时的兴趣在专业之外，专业理论和实践问题知之甚少。为了对付，随意确定选题，完成论文的质量就可想而知了。

(5)毕业设计选题还应有利于学生对知识薄弱环节的掌握。

每个毕业生不同程度地存在知识掌握不全面、不完整的情况，需要毕业后继续学习。但参加工作后，学习条件往往比不上学校，继续学习会遇到不少困难。

毕业设计是大学本科学习的最后一个阶段，抓住最后一个学习机会，在毕业设计选题时，有意识地针对自己学习上的薄弱环节选择毕业设计课题。在教师的帮助下，利用毕业设计的有限时间，充实自己所学的知识。

(6)选题应考虑具备必要的条件。

为保证毕业设计的顺利完成，对指导教师、图书资料、设备仪表、计算机软硬件等开展毕业设计的必要条件都应给予满足。

随着市场经济的发展，大学毕业生就业已经放开，实行双向选择。用人单位出于不同的目的，要求学生到本单位做毕业设计的情况越来越多。学生所去的单位，必须具备必要的毕业设计条件，包括有合格的指导教师、基本的仪器设备等，以保证学生得到毕业设计的训练。

总之，选择毕业设计(论文)的题目，必须从毕业设计的目的出发，从学生的实际情况出发，充分考虑到专业培养目标要求，考虑到课程设置情况，考虑到学生的学习情况，考虑到学校的专业建设、科研、实验室建设的实际，有利于发挥学生在毕业设计中的主观能动性和创新精神，综合运用所学理论知识，力求通过毕业设计提高学生的整体能力。

2.2 毕业设计(论文)的安排

因专业培养方案不同，各专业毕业设计(论文)计划时间也不尽相同，大多数学校一般将第八学期全部时间安排进行毕业设计。无论毕业设计时间长短，都应该做好计划安排。

2.2.1 毕业设计(论文)的指导

指导毕业设计(论文)是一项复杂而又细致的工作，要求教师充分发挥主导作用。对学生既要耐心指导、严格要求，又要充分调动学生的主观能动性，大胆放手让他们独立思考、积极创新；既要在业务上提高学生理论联系实际、分析问题和解决问题的能力，又要在工作能力、科研组织能力上使学生得到锻炼提高；还要在道德品质、思想情操以及如何做人上影响学生，帮助学生养成良好的习惯。

1. 指导教师的任职资格

毕业设计指导教师应由具有实际设计(科研)和毕业设计指导经验的中级以上职称的教师担任，助教和未从事过毕业设计指导工作的教师不能单独指导毕业设计工作。

来自研究所、企事业单位、公司的校外指导教师，必须具有中级以上职称，有过指导学生和相关人员进行毕业设计的经历。

毕业设计指导教师应由思想作风正派、业务水平高、实际经验丰富的教师担任，他们既要严格要求学生，也要严格要求自己，严谨治学，教书育人，为人师表，一丝不苟地做好指导工作。

2. 指导教师的工作

毕业设计指导教师全程负责学生的毕业设计指导，具体工作大致有下列几方面。

(1)指导学生选题。根据选题原则和要求，提出选题题目，选题的主要内容、目的、要求和现有条件。根据学生的能力或今后就业的需要布置课题，或指导学生从众多题目中择取合适的课题。

(2)题目确定后，及时指导学生明确要求，并制订毕业设计进度计划。

(3)指导学生进行调研，收集必要的参考资料，查阅有关文献，督促和检查学生阅读资料文献的进展情况。

(4) 指导学生拟订毕业设计的初步方案，进行方案比较，确定实施方案。

(5) 指导、督促学生执行实施方案。抓好关键环节的指导，及时掌握学生毕业设计的进度和质量，定期辅导答疑，及时了解学生在设计、制作、编程、上机、调试中遇到的问题以及问题解决情况，并给予启发式的辅导。指导教师因事因病请假，应事先向学生作好交代和布置，或委托其他教师代为指导。

(6) 在毕业设计中，根据学生的能力和条件，因材施教，尽量激发学生的主观能动性，培养学生独立思考、分析问题和解决问题的能力，培养学生的独立工作能力、工程实践能力和创新能力。可分阶段有计划地与学生进行指点性的讨论，启发学生的思路。

(7) 对学生必须严格要求，培养学生树立良好的工作作风。指导教师对每个学生的情况应有全面掌握，有适当的书面记录。

(8) 对在校外进行毕业设计的学生，校内指导教师应通过电话、网络和传真经常与校外指导教师、学生保持联系，及时掌握学生情况，及时进行指导。

(9) 指导学生进行毕业设计的工作记录和总结，指导学生撰写毕业设计(论文)。认真审阅初稿，提出修改、补充意见和建议，帮助学生完善毕业设计(论文)。

对在校外进行毕业设计的学生，应及时通知其返校，并指导其完成论文撰写工作。

毕业设计工作结束后，应当对学生毕业设计工作进行全面考核，实事求是地填写指导教师评语，并给出建议成绩。指导学生进行毕业设计答辩前的准备工作。

指导教师应在思想品德、工作作风、为人处世等方面给学生正确的引导，例如，培养学生树立实事求是和严谨的学风；要求学生独立完成毕业设计任务，严禁抄袭或弄虚作假；关心他人，与同学密切合作、培养团队精神；爱护公共财物，爱护实验室设备，爱护公共文献资料；尊重指导教师和有关教师的指导，定期向指导教师汇报进度；遵纪守法；关心爱护学生，对不认真进行毕业设计，或未能通过毕业设计检查、答辩的学生，及时地进行批评帮助。

2.2.2 毕业设计(论文)的过程检查

1. 开题检查

学生接受毕业设计任务后，首先必须认真阅读任务书，明确自己必须完成的任务是什么。

学生在教师的指导下，广泛地查阅资料，认真作好调研笔记，借鉴参考他人的成果、方法，摸清楚课题的要求及其最终要完成的工作，课题的重点、难点。

反复讨论，逐步明确采用的手段、路线技术和解决方法，使用的工具和平台，形成自己的初步方案。还可以提出多种方案，进行比较，择优实施。

总之，通过开题工作，应使学生明确自己要做什么，重点、难点是什么，自己将怎样去做。

2. 中期检查

毕业设计中期检查一般在毕业设计时间进行到一半左右的时候进行。主要检查学生任务完成的基本情况，包括调研报告完成情况，外文翻译完成情况，方案设计完成情况，硬件制作完成情况，软件开发、调试完成情况等。

中期检查可以分组进行，指导教师和所指导的学生一般不安排在同一组，教师之间交叉检查。检查时可以通过听学生自述、看其文档资料、看上机演示等多种形式进行。

中期检查的目的在于发现问题，尽早督促学生抓紧时间，按时完成任务。

对在中期检查中发现存在问题比较多的学生，应及时与其指导教师联系，加强指导、管理和督促。个别问题严重的学生，必须提出警告，限期改正。

3. 后期检查

后期检查在毕业设计答辩之前进行，主要检查学生的任务完成情况、工作量、软硬件开发的规模、难度、有无新意等。

后期检查是对学生能否进行毕业答辩的资格审查，也是评定学生毕业设计成绩的重要依据。

不能通过后期检查考核的学生，可以认定为没有完成毕业设计任务，一般不能参加毕业答辩。

2.2.3 文献检索与应用

毕业设计(论文)的一个重要目的是培养学生调查研究、查阅文献资料的能力，即情报意识、信息能力。

文献是记录人类知识的物质载体，是认识和改造世界的重要资源，是进行科学交流、获取情报、传授知识的重要工具，是某一学科、某一组织、某一国家和整个世界学术水平、科研成果的重要标志，所以，没有对已有文献的继承和借鉴的科学研究，就不能称为真正意义上的科学研究，也不可能取得有价值的创造性成果。

1. 文献检索的作用

从进行科学研究的角度看，文献检索的作用在于：第一，有助于利用和掌握文献资料，缩短查找文献资料所花费的时间。在科学研究活动中，搜集、掌握足够的文献资料是研究工作的重要组成部分，往往要耗费较多的时间，而文献数量的成倍增长，各学科的相互渗透导致的文献交叉与分散化，使查找所需文献更加困难。在这种情况下，文献检索的功能和作用，恰恰能解决众多繁杂的文献与研究者特定需要之间的矛盾，能帮助研究者从浩如烟海的文献中迅速、准确地查找出所需专业文献，达到节省时间和精力的目的。第二，有助于获取最新知识，及时了解研究课题内容所涉及的专业和相关学科的发展动态，指导课题研究的顺利进行。第三，有助于开阔视野，扩大知识面，借鉴他人之法，指引治学门径，解决研究过程中的疑难问题。通过文献检索，不仅能够较快地获得所必须了解和掌握的知识，获得大量的情报信息，而且还能够比较有关文献的异同优劣，明确学术源流，达到正确鉴别、准确选择所需文献资料的目的。第四，科学研究是文献检索的主要动机和目的，科学研究工作是探求客观事物的本质规律的活动，是人类能动地认识和改造世界的过程，科学研究一开始就包括文献检索的环节在内，就要求通过文献检索方法和手段获取所需的情报信息。从科学研究的具体过程讲，要使研究工作取得有创造性价值的成果和有突破性的重大进展，就不能不通过文献检索，了解、掌握前人和今人在某一领域内所进行的探索、所取得的成果和所发生的失误。因为，这一方面是科学发展和科学研究内容的历史继承性的需要，另一方面是有效地选择、利用当今急剧增加的众多繁杂文献的要求。

科学的发展是创造和继承辩证统一的过程。一个人的知识，不外是从直接经验和间接经验两方面获得。直接经验的知识是自己亲身实践所取得的知识；间接经验是古人或他人在实践中积累的知识。这些古人的或外域的知识大都以文字记录下来，成为文献。人不能事事凭直接经验，事实上多数知识都是间接的经验，即从文献中接受古人或他人在实践中积累的知识。存在的各种资源，人们不可能都做到实地观察，更多的是靠阅读文献，观察标本，以获得有关的知识和信息。另外，许多资源会因为各种因素而遭到破坏。保存下来的这些资源，对科学发展具有十分重要的意义。一方面，专门学科的不断出现，学科之间相互渗透、相互交叉的现象日趋强烈，致使各学科的文献越来越分散。另一方面，由于条件的限制，人们吸收和利用情报的能力并未得到相应的提高。庞大的文献数量与人们特定的要求及有限的工作时间的矛盾更加突出。

在这数量庞大、类型复杂、文种多样、出版分散、重复交叉严重、新陈代谢频繁的文献集合中，人们会难于找到、更难于有效地利用与自己研究问题有关的特定情报。面对这种局面，如何努力寻求一种更有效的查找文献和情报的技术与方法，便成为一个亟待解决的问题。文献检索是以科学的方法，利用检索工具和检索系统，从有序的文献集合中检索出所需信息的一种方法。它在科学交流中是传递信息的一种重要手段，是人类为了合理地分发情报和充分地利用情报而采取的一种重要的交流方式。文献检索不仅能够促进信息资源的迅速开发和利用，而且能够帮助科研人员继承和借鉴前人的成果，避免重复研究，少走弯路，节省查找文献的时间，从而加速研究工作的进程。

毕业设计刚刚开始，学生从前面几个学期通用性课程的学习阶段直接转入专题性很强的毕业设计(论文)阶段时，往往会感到无所适从，需要一个适应、锻炼的过程。在这个过程中，最为有效的措施之一就是查阅文献。这一过程不但可以进一步丰富自己的基础知识，扩大知识面，而且还可能受到启发，酝酿出工作草案。

2. 文献资料的类别

按照科技文献资料所包含的知识与信息的内容和结构，科技文献资料一般可划分为原始文献、二次文献和三次文献三类。

(1) 原始文献。

原始文献往往是科技人员科研成果的总结，是科技成果的直接体现，所以原始文献所包含的内容多半具有创造性、新颖性和先进性。原始文献是科技人员进行文献检索时的主要对象。原始文献主要有六种：科技期刊、科技报告、会议文献、学位论文、专利文献、政府出版物。

(2) 二次文献。

二次文献是指将原始文献用一定规则和方法进行加工、归纳与简化，组织成为系统的、便于查找利用的有序资料，常以目录、题录、文摘、索引等检索工具的形式出现，其目的是向读者提供文献线索。二次文献是检索原始文献的辅助工具。

(3) 三次文献。

三次文献是对原始文献所包含的知识和信息进行归纳、核对鉴定、浓缩提炼、重新组织后形成的综合性文献资料，它的时效性和针对性当然不及原始资料，但其系统性好，对最初接触某一研究课题，而又想尽快全面了解课题情况的人来说，是颇有帮助的。三次文献通常包括教科书、专著、论丛、译文、辞典、年鉴、技术手册、综述报告、评论等。

3. 文献检索的步骤

查阅文献一般可按以下步骤进行。

(1) 分析研究课题，明确查找要求。

(2) 选择检索工具和检索方法。

(3) 确定检索途径和检索标志。

(4) 利用检索工具查找文献线索。

(5) 了解馆藏情况，获取原始文献。

(6) 阅读原始文献，准备新一轮检索。

4. 文献资料的积累与引用

注意对文献资料的积累是一个科技工作者必备的基本素质。

科技人员在自己毕生的工作中，不断地进行科研开发与调查研究，不断地查阅文献资料，还要不断地对资料进行整理、消化、保存、积累、更新。积累的资料往往是科技工作者的宝贵财富。

毕业设计(论文)是本科毕业生走向社会之前的最后一次综合训练，应在教师的指导下，努力学习、掌握查阅、整理、消化、积累资料的基本技能，掌握引用资料的方法。

对查阅到的文献加以筛选和消化、吸收之后，有些文献可能会对毕业设计工作具有重要的参考作用。在撰写毕业设计(论文)时，一般应对所参考引用的文献加以标注。

通过对引用文献的标注，可以在论述自己的科研课题来源和立题思想时，说明自己所开展工作的起点、将要开展工作的范围与意义。

在论证自己的研究成果的结论时，通过引用文献的标注来作为旁证。

在一些重要的学术观点上注明可参考的文献资料，为感兴趣的读者在检索同类文件时提供方便。

此外，引用他人的成果时客观地说明出处，不仅是作者旁征博引、学识渊博的表现，也是对别人研究成果的尊重和承认。这是一个科技工作者职业道德的体现。

论文中注明引用文献资料一般有文中注、脚注和文末注等几种方式。

(1)文中注：在论文中引用文献的地方，用括号说明引用文献的出处。

(2)脚注：论文中，只在引用的地方写一个脚注标号。而在当页最下方，以脚注方式，按标号顺序说明文献出处。

(3)文末注：论文中，在引用的地方标号。一般以出现的先后次序编号，编号用方括号括起来，如“【5】”或“[5]”，放在某一个字或符号的右上角，然后在全文最后单设“参考文献”，按标号顺序一一说明文献出处。

科技文献一般多采用文末注的引用方式。

5. 参考文献的书写格式

常用的参考文献有期刊文章、专著、新闻报纸文章、论文集、学位论文、报告、析出文献、专利文献、标准等多种。这些参考文献以单字母方式标识，见表 2.1。

表 2.1　参考文献类型和标识

参考文献类型	析出文献	论文集	学位论文	期刊文章	专著
文献类型标识	A	C	D	J	M
参考文献类型	新闻报纸文章	专利文献	报告	标准	其他参考文献
文献类型标识	N	P	R	S	Z

对于数据库、计算机程序及电子公告等电子文献类型的参考文献，采用双字母作为标识，见表 2.2。

表 2.2　电子参考文献类型与标识

电子参考文献类型	数据库	计算机程序	电子公告
电子文献类型标识	DB	CP	EB/ OL

根据 GB/T 3469—2013 规定，对参考文献类型在文献题名后应该用方括号加以标引，以单字母方式标志以下各种参考文献类型。标点符号一律采用英文半角符号，符号前不空格，符号后空一格。

(1)连续出版物(期刊文章)。

[序号]　作者(第一作者，第二作者，第三作者，等). 文献题名 [J]. 刊名，出版年，卷(期)号: 起始页码-终止页码. (注：用短横线而非波折线。)

示例：

[1] 刘强，石立宝，周明，等. 电力系统恢复中机组恢复的优化选择方法[J]. 电工技术学报, 2009, 24(3): 164-170.

[2] Fishburn P, Wakker P. The invention of the independence condition for preferences[J]. Management Science, 1995, 41(7):1130-1144.

(2) 专著类。

[序号] 作者. 书名[M]. 版本(第一版不标注). 出版地: 出版者, 出版年: 起始页码-终止页码.

示例：

[1] 岳超源. 决策理论与方法[M]. 北京: 科学出版社, 2003: 125-145.

(3) 译著类。

[序号] 作者[国籍]. 书名[M]. 译者. 出版地: 出版者, 出版年: 起始页码–终止页码.

(4) 论文集类。

[序号] 作者. 文献题名[C]. 编者. 论文集名[C]. 出版地: 出版者, 出版年: 起始页码-终止页码.

(5) 学位论文类。

[序号] 作者. 文献题名[D].(英文用[Dissertation]). 所在城市: 单位, 年份.

(6) 专利。

[序号] 申请者. 专利题名[P]. 专利国别: 专利号, 发布日期.

(7) 技术标准。

[序号] 技术标准代号. 技术标准名称[S].

(8) 技术报告。

[序号] 作者. 文献题名[R]. 报告代码及编号, 地名: 责任单位, 年份.

(9) 报纸文章。

[序号] 作者. 文献题名[N]. 报纸名, 出版日期(版次).

(10) 电子公告 / 在线文献。

[序号] 作者. 文献题名[EB/OL]. [日期]. http://⋯.

(11) 数据库 / 光盘文献。

[序号] 作者. 文献题名[DB/CD]. 出版地: 出版者, 出版日期.

(12) 其他文献。

[序号] 作者. 文献题名[Z]. 出版地: 出版者, 出版日期.

2.3 毕业设计(论文)的开展

毕业设计(论文)是对毕业设计进行总结与说明的书面材料，是反映学生毕业设计完成情况的一个主要内容，也是对毕业生的又一次培养和训练。

2.3.1 毕业设计(论文)的基本要求

学生应根据学院的安排认真选题，并经指导教师同意后制订实施方案、工作进程计划，报指导教师审查。毕业设计(论文)要理论联系实际，运用科学的研究方法对选题进行综合分析，应能反映信息领域相关技术的发展，应能进行技术经济分析，还应能进行设计方案的比较和选择。要综合运用本专业所学的知识，解决论文中的问题。论文的主要观点相对前人研究成果应有自己的见解，设计中涉及的技术问题、工艺问题要有改进和提高。

在校内进行毕业设计(论文)的学生应按学校作息时间认真进行毕业设计(论文)工作，未经允许不得随意离开学校。学生应及时报告工作进展情况，主动接受指导教师的检查、指导。学生按规定完成毕业设计(论文)任务后，须经指导教师审阅认可后方可参加答辩。

毕业设计(论文)态度不端正，工作不认真，经教育又不改正的学生，或者毕业设计(论文)质量太差又无法在短时间内重做或改进的学生，或者抄袭他人成果情节严重的学生，不得参加毕业设计(论文)答辩，需在本届学生毕业以后重做或补做毕业设计(论文)，经答辩通过后方能毕业。

2.3.2 毕业设计(论文)的基本内容

1. 概述

这部分内容一般包括三个部分：毕业设计课题研究的目的和意义、该课题涉及的学科在国内外的发展情况简介、课题的总体要求和规划等。

2. 课题方案论证

根据毕业设计课题要求提出设计方案，简述方案设计的基本理论依据。通常可以选择一个以上的方案进行比较，通过剖析各个方案的优缺点，达到论证自己的方案较合理的目的。论文还应提出设计中采用的技术路线，以及新技术、新工艺、新工具等。

3. 方案的实现

毕业设计(论文)应写明实现方案的具体技术措施，硬件设计原理及电路，软件设计思想、数据结构、框图及典型程序，硬件与软件调试的过程、结果，结果分析和评议等。

4. 结束语

在这部分，设计者要对自己的工作作出客观评价，指出优点和不足是什么；也可以对设计中遇到的重要问题进行讨论，对今后进一步的研究进行展望。

5. 附录和参考文献

2.3.3 毕业设计(论文)的撰写规范

一份完整的毕业设计(论文)应由以下部分组成。

1. 封面(格式样式见附录 1)

由学校统一印制，内容按要求填写。

2. 题目

题目应该用简短、明确的文字写成，通过标题把毕业设计(论文)的内容、专业特点概括出来。题目字数要适当，一般不宜超过 20 个字。如果有些细节必须放进标题，为避免冗长，可以设副标题，把细节放在副标题里。

3. 摘要(中文在前，英文在后，格式样式见附录 2 和附录 3)

摘要应反映论文的精华，概括地阐述课题研究的基本观点、主要研究内容、研究方法、取得的成果和结论。摘要字数要适当，中文摘要一般为 300 字左右，并有相应的英文摘要。摘要包括：

(1)论文题目(中英文摘要都应分开列)；

(2)“摘要”字样(位置居中)；

(3)摘要正文；

(4)关键词。关键词一般为 3～5 个，中文摘要的关键词之间用两个字符空格分开，英文摘要的关键词之间用分号分开，最后一个关键词后不加标点符号。

4. 目录(格式样式见附录 4)

目录作为论文的提纲，列出论文各组成部分的小标题，应简明扼要，一目了然。只显示至三级目录。

5. 正文(格式样式见附录 5)

正文是作者对研究工作的详细表述。其内容包括：绪论(前言)、文献综述、理论分析、数值分析或统计分析、实验原理、实验方法及实验装置、实验结果及讨论分析、结束语等。

6. 参考文献(格式样式见 2.2.3 节)

参考文献是毕业设计(论文)不可缺少的组成部分，它反映毕业设计(论文)的取材来源、材料的广博程度和材料的可靠程度，也是作者对他人知识成果的承认与尊重。一份完整的参考文献是向读者提供的一份有价值的信息资料。

7. 附录(可选)

对于一些不宜放在正文中，但又具有参考价值的内容可以编入毕业设计(论文)的附录中。

8. 致谢(可选)

致谢通常以简短的文字对在课题研究与论文撰写过程中直接给予帮助的指导教师、答疑教师和其他人员表示自己的谢意。

注：外语类等专业用英文撰写的毕业论文部分组成包括封面、谢辞、目录、摘要(英文摘要在前，中文摘要在后)、正文、注释、参考文献。

2.3.4 毕业设计(论文)的撰写细则

1. 页面设置

毕业设计(论文)一律用A4规格复印纸输出，单面打印，页边距：上2.5cm，下2cm，左2.5cm，右2cm，页眉1.2cm，页脚1.5cm。毕业设计(论文)中汉字必须使用国家正式公布过的规范字。

2. 标点符号

毕业设计(论文)中的标点符号应按国家标准GB/T 15834—2011《标点符号用法》使用。

3. 名词、名称

科学技术名词术语尽量采用全国科学技术名词审定委员会公布的规范词或国家标准、部标准中规定的名称，尚未统一规定或叫法有争议的名词术语，可采用惯用的名称。使用外文缩写代替某一名词术语时，首次出现时应在括号内注明全称。一般很熟知的外国人名(如牛顿、爱因斯坦、达尔文、马克思等)应按通常标准译法写译名。

4. 量和单位

毕业设计(论文)中的量和单位必须符合中华人民共和国的国家标准GB 3100—1993、GB 3101—1993、GB 3102—1993，它是以国际单位制(SI)为基础的。非物理量的单位，如件、台、人、元等，可用汉字与符号构成组合形式的单位，如件/台、元/km。

5. 数字

毕业设计(论文)中的测量、统计数据一律用阿拉伯数字。在叙述中，一般不宜用阿拉伯数字。

6. 标题层次

毕业设计（论文）的全部标题层次应统一、有条不紊、整齐清晰，相同的层次应采用统一的表示体例，正文中各级标题下的内容应同各自的标题对应，不应有与标题无关的内容。每一章另起一页。

章节编号方法应采用分级阿拉伯数字编号方法，第一级为 “1.”“2.”“3.”等，第二级为“2.1”“2.2”“2.3”等，第三级为“2.2.1”“2.2.2”“2.2.3”等，但分级阿拉伯数字的编号一般不超过三级，两级之间用下角圆点隔开，每一级的末尾不加标点。正文标题格式示例见附录 5。

7. 注释

毕业设计（论文）中有个别名词或情况需要解释时可加注说明，注释可用页末注（将注文放在加注页的下端），而不可用行中插注（夹在正文中的注）。注释只限于写在注释符号出现的同页，不得隔页。引用文献标注应在引用处正文右上角用“[ ]”和参考文献编号表明，字体用五号字。

8. 公式

公式应居中书写，公式的编号用圆括号括起放在公式右边行末，公式与编号之间不加虚线。

9. 表格

每个表格应有自己的表序和表题，表序和表题应写在表格上方居中排放，表序后空一格书写表题。表格允许下页续写，续写表题可省略，但表头应重复写，并在右上方写“续表××”。

10. 插图

毕业设计的插图必须在描图纸或在洁白纸上用墨线绘成，或用计算机绘图，线条要匀称，图面要整洁美观。每幅插图应有图序和图题，并用五号宋体字在图位下方居中处注明，图与图号、说明等应在同一页纸上出现。

11. 参考文献

如果“参考文献”置于每章后，按二级标题字体格式处理；如置于正文后，则按一级标题字体格式处理。

论文中参考文献按在正文中出现的先后顺序用阿拉伯数字连续编号，将序号置于方括号内，并视具体情况将序号作为上角标，或作为论文的组成部分。例如，“……赵××对此做了研究，数学模型见文献[2]。”

参考文献中每条项目应齐全。文献中的作者不超过三位时全部列出，超过三位时只列前三位，后面加“等”字或“et al.”；作者姓名之间用逗号分开；中外人名按中外文习惯著录法。

参考文献的书写格式要按国家标准 GB/T 7714—2015 规定。

12. 页眉和页脚

(1) 页眉设置。居中，以小五号宋体字，如“常熟理工学院毕业设计(论文)”。

(2) 页脚设置。正文及其以后部分，其页脚居中、以小五号 Times New Roman 字体插入连续的阿拉伯数字页码。摘要和目录等内容的页脚为居中、连续的五号大写罗马数字页码。

2.3.5 毕业设计(论文)的撰写步骤

(1) 确定题目。毕业论文，首先就是选择并确定一个适合专业方向的题目。为此，要结合个人兴趣与专业方向，阅读大量文献，多思考，找灵感，最终提炼出一个有新意、能写得下去的题目。

(2) 细列提纲。确定好题目后，就要初列提纲，如果是现状问题型的，必然要有对策；如果是理论型的，必然要有理论基础、渊源、内容、特点及启示；总之，要全方位、通盘考虑，把必须写的都考虑进去，写出新意。

(3) 撰写绪论。提纲列好了，就要开始撰写绪论。这部分是论文的基础部分，也是最为重要的部分。里面涉及文献综述，这是写好论文的一个基本前提。文献综述分析得越全面，收集的资料越多，就越能够把握写作的重点、创新点、亮点在何处，写起来才会得心应手。

(4) 规定任务。绪论写好后，就要开始全文撰写，这时要做好撰写计划，完成这篇论文需要多久，每天需要完成多少的任务，都应心中有数。

(5) 严格执行。接下来就是认真严格执行制订的计划，要不折不扣地执行，例如，每天写一个小标题的内容，那么就要细查资料，形成自己的思路，一口气写下来，不要拖沓，更不要中断，对于每一部分都要精益求精、高标准要求。

(6) 修改定稿。一篇好的毕业设计(论文)一般都要经过反复推敲、多次修改，才能获得满意的结果。对于初次撰写毕业设计(论文)的本科毕业生，就更应当重视对论文的修改、充实工作了。

修改论文涉及内容和形式等几个方面。

从内容上，看全文的概念是否正确，基本观点以及说明它的若干从属论点是否片面或阐述得是否准确，论据是否充分，说明是否透彻。论文的总结有无深度或新意，怎样论述更能突出自己论文的与众不同之处。

还可以通过对基本素材、材料的增加、删节和调整，使论文内容安排更加合理，阐述更加清晰，说服力更强。

从论文的表示形式上，可以根据论文的中心论点和各章节的论点需要，对整篇论文的结构作适当调整，既要避免相同的观点多次阐述，又要突出重点作适当的强调和重复。

论文是学术性的文章，尽可能用学术用语，主要是进行论述。行文要求准确、精练、流畅。

2.3.6 毕业设计(论文)的评阅

1. 指导教师评阅

毕业设计结束后，学生应将毕业设计(论文)及有关附件材料交给指导教师。

此前，在毕业设计第一阶段结束后，学生要将外文文献的译文及原文(或原文复印件)、调研报告等材料分别装订成册，交给指导教师。

指导教师对学生毕业设计的全过程，对学生撰写毕业设计(论文)的全过程均应进行认真的指导、考核。在收到学生交来的毕业设计(论文)后，要认真地批阅论文，对存在的问题和错误应明确地指出，写出批改意见。

在对学生的任务完成情况、知识应用能力、独立工作能力、创新能力、外语水平、文本质量和工作态度等进行认真严肃的考查后，实事求是地填写指导教师评语，并给出建议成绩。

若发现毕业设计(论文)无论在内容、概念上，还是在写作格式、写作行文上存在问题，都必须要求学生限期改正，否则不予通过。

2. 论文评阅人评阅

论文评阅人要根据学生和指导教师所提供的材料，着重审查论文文本质量，包括选题是否符合专业培养目标要求、内容是否正确并对设计思路、理论观点、知识应用能力、创新能力、外语水平以及文本图纸的规范性、文字表达能力、其他附件的质量、水平等，客观地给出评语和评阅成绩。

2.4 毕业答辩的工作规程

毕业答辩是衡量学生毕业设计的真正水平、衡量毕业生质量的重要手段。通过学生的口述及对答辩委员会委员所提问题作出的答复，对学生的专业素质和工作能力、口头表达能力及应变能力进行考核，对学生知识面的宽窄以及对所学知识的理解程度作出判断。同时，它是毕业设计过程中的一个重要环节，它可以使学生再一次受到锻炼，再一次得到总结、提高，巩固已学知识。

通过毕业答辩，可以就该课题的发展前景和学生的努力方向，对学生进行最后一次的直面教育。毕业答辩也是对毕业设计工作进行全面检查的一个重要环节。院(系)应成立以主管教学的领导为组长的答辩领导小组，负责本单位的答辩工作，制订答辩规程、程序、要求以及时间、地点安排等，应提前将安排计划报上级主管部门。

每个专业应成立答辩委员会，审查学生的答辩资格，组织学生进行答辩，研究确定答辩意见和毕业设计成绩等。

2.4.1 答辩成员的组成

最迟在毕业设计(论文)答辩前一周，各学院应成立毕业设计(论文)答辩委员会，下设若干答辩小组。

答辩委员会可由主管教学院长担任主任，至少 5 名学术水平较高、具有高级职称的教师担任委员，组织领导答辩工作，统一答辩要求和评分标准，审查答辩资格，审定学生毕业设计(论文)成绩，裁决有争议的成绩，推荐校优秀毕业设计(论文)。

答辩小组由 3～5 人组成，组长一般由具有高级职称、有经验的教师担任，结合实际的课题答辩时可邀请有关生产部门、科研单位的技术人员参加。答辩小组负责本组学生的答辩工作，评定答辩学生的毕业设计(论文)答辩成绩，并对总成绩提出建议。

2.4.2 答辩的工作流程

学生毕业离校前一个月，举行答辩。

1. 审阅毕业设计(论文)工作

最迟于答辩前两周，学生必须按照毕业设计(论文)任务书要求，完成工作任务，将论文初稿、设计成果等相关材料交指导老师审阅，指导教师给出修改意见，学生在导师指导下，对毕业设计(论文)进行修改。

指导教师发现严重抄袭的毕业设计(论文)必须上报毕业设计(论文)工作领导小组，一经核实，毕业设计(论文)成绩以不及格论处。

软件设计类、装置制作类、作品设计类课题可组织答辩小组验收，未达到毕业设计(论文)任务书规定者不能参加答辩。

2. 评阅毕业设计(论文)，审查答辩资格

最迟于答辩前一周，学生必须将未装订的毕业设计(论文)交指导教师。汇总后交各评阅教师评阅，指导教师不能评阅自己指导学生的论文。评阅教师提出修改意见，写出评语和评分。评阅教师在评语中必须表明该毕业设计(论文)能否参加答辩。

最迟于答辩前两日，答辩委员会根据指导教师、评阅教师意见，验收结果，审查学生的答辩资格。确定并公布答辩小组人员及学生分组名单、答辩时间及地点。

最迟于答辩前一日，学生应将根据评阅意见修改完成并装订好的毕业设计(论文)提交答辩小组。

3. 答辩程序

(1)学生陈述：由学生介绍毕业设计(论文)主要内容，时间 10～15 分钟。

(2)答辩小组提问：答辩小组对毕业设计(论文)中的关键问题进行提问，考核学生独立解决问题的能力，对专业基本理论、基本知识的掌握与运用能力，课题基本设计和计算方法、设计思想、实验和测试方法的科学性、合理性以及表达能力，时间为10分钟以上。

(3)答辩小组评定答辩成绩，写出评语，并综合指导教师、评阅教师、答辩小组二方面给出成绩和评语，对学生毕业设计(论文)总成绩提出意见，交答辩委员会审定。

毕业设计(论文)总成绩评分比例为：指导教师评分占40%，评阅教师评分占20%，答辩小组评分占40%。

2.5 毕业设计(论文)的评定

毕业设计(论文)是本科学生整个培养方案中最后的综合教学环节，为严肃学风，督促学生圆满完成大学学业，必须对毕业设计成绩进行认真严格的考核和评定。

2.5.1 评定标准

毕业设计成绩评定一般可以从以下五个方面综合考查。

(1)毕业设计任务完成情况。

(2)学生的业务能力及水平。

(3)毕业设计(论文)质量。

(4)学生的独立见解及创新能力。

(5)毕业设计答辩的表现，学生自述和回答问题情况等。

毕业设计的成绩一般采用五级计分制(优秀、良好、中等、及格和不及格)。

成绩应呈正态分布，优秀成绩的比例一般应控制在 20% 以内。

毕业设计评分参考标准如下。

1. 优秀

(1)独立完成毕业设计(论文)课题所规定的各项任务，综合运用所学知识分析问题和解决问题的能力强，刻苦钻研，能努力拓宽知识面，严肃认真，并在某些方面具有一定的创见。

(2)图纸齐全、整洁、结构方案合理，视图、线条和尺寸标注正确，符合国家标准。

(3)毕业设计(论文)完整，结构合理，内容正确，概念清楚，文理通顺。

(4)能熟练阅读外文资料，具有一定的外文写作能力，独立工作能力较强。

(5)答辩时能熟练地、正确地回答问题，逻辑性较强，并按规定时间完成论述。

2. 良好

(1)独立完成毕业设计(论文)课题所规定的各项任务，综合运用所学知识分析问题和解决问题的能力比较强，能努力拓宽知识面，毕业设计(论文)关键或主要问题的解决质量较高。

(2)图纸齐全、整洁、结构方案合理，视图、线条和尺寸标注正确，符合国家标准。

(3)毕业设计(论文)完整，内容正确，概念清楚，文理通顺。

(4)能顺利地阅读外文资料。

(5)答辩时能正确地回答问题。

3. 中等

(1)完成毕业设计(论文)课题所规定的各项任务，综合运用所学知识分析和解决问题的能力一般。

(2)图纸齐全，结构方案比较合理，视图、线条和尺寸标注基本正确，符合国家标准。

(3)毕业设计(论文)基本完整，内容正确，但有个别遗漏，概念基本清楚。

(4)尚能阅读外文资料。

(5)答辩时基本论点正确，无原则性错误，经提示后，主要问题能回答正确。

4. 及格

(1)基本能完成毕业设计(论文)课题所规定的各项任务，但分析问题和解决问题的能力较差。

(2)图纸齐全，但不整洁，结构方案基本合理，但有个别错误；视图、线条和尺寸标注有个别错误，基本符合国家标准。

(3)毕业设计(论文)基本完整，但有个别错误或遗漏，概念基本清楚。

(4)阅读外文资料较困难。

(5)答辩时回答问题重点不突出，并有个别错误，某些问题经启示，尚能回答。

5. 不及格

(1)未能按规定完成毕业设计(论文)课题所规定的任务要求，缺乏工程设计的基本能力，或毕业设计(论文)中存在较多原则性错误，弄虚作假、抄袭或由他人代做。

(2)图纸不齐全或有较多的错误。

(3)毕业设计(论文)概念不清楚或有较多的错误和遗漏。

(4)不能阅读外文资料。

(5)答辩时有原则性错误，经启发后仍不能正确回答。

2.5.2 成绩评定

成绩评定是毕业设计(论文)的最后一个环节。成绩评定一定要实事求是，既要严格要求学生，按条件评定成绩，又要充分肯定学生的成绩。客观公正，不要从印象出发，更不要以指导老师的声望、职位、资历作为评定学生成绩的依据。应特别注意对学生工作能力、科学态度、工作作风、合作精神以及独特见解的考查。

毕业设计（论文）成绩由指导教师、评阅教师和答辩小组的评分按比例综合评定，最后由各学院答辩委员会审定。指导教师、评阅教师要按评分标准逐项评分。指导教师、评阅教师和答辩小组的评分占总成绩的比例分别为：指导教师占40%，评阅教师占20%，答辩小组占40%。按此比例计算出总成绩后，再折算成五级分制记分。百分制与五级分制折算比例如表2.3所示。

表2.3　百分制与五级分制折算比例

等级	优秀	良好	中等	及格	不及格
得分	90～100	80～89	70～79	60～69	59分以下

评定毕业设计（论文）成绩，必须统一标准、实事求是，优秀人数比例控制在总人数的20%以内。毕业设计（论文）成绩确定后，一般不得改动，如有特殊情况，需由答辩小组全体成员复议通过，经学院毕业设计（论文）工作领导小组组长审核批准后方可改动。

各学院在确定学院优秀毕业设计（论文）的基础上，根据学校《本科生优秀毕业设计（论文）评选办法》的有关规定，按照学生总人数的5%推荐参评校优秀毕业设计（论文），由教务处组织专家进行评审确定后予以表彰。

毕业设计（论文）工作结束后，各学院应按学校有关档案管理制度，对毕业设计（论文）的有关资料整理、归档，教务处将组织专家对各学院进行抽检。

毕业设计（论文）经费由学校按照各类专业的生均标准和学生班级人数核准后拨发至学生所在学院，由各学院负责掌握使用。

第 3 章　毕业设计(论文)的管理与监控

3.1　毕业设计(论文)的组织管理

毕业设计(论文)工作实行在分管校长的统一领导下由教务处、学院、系科分级落实完成。教务处负责毕业设计(论文)工作的宏观管理和指导，协调教学资源的配置，评价毕业设计(论文)工作，组织毕业设计(论文)教学研究和优秀毕业设计(论文)评选；学院分管教学院长是毕业设计(论文)工作的直接领导者和责任人，全面负责本学院各专业的毕业设计(论文)工作，系科在学院的领导下具体负责毕业设计(论文)的组织及实施工作。

毕业设计(论文)工作一般在本科第七学期中期启动。各学院应成立毕业设计(论文)工作领导小组，组长由学院分管教学的院长担任；系科成立毕业设计(论文)工作指导小组，组长由系主任担任。

毕业设计分层管理是毕业设计工作得以顺利进行的必要条件，是毕业设计工作协调一致开展的保证。毕业设计的规范化管理是圆满完成毕业设计工作、提高毕业设计质量的重要步骤，各个学校对此都给予了高度重视。

3.1.1　教务处管理要求

学校教务处在主管校长的领导下，宏观管理、组织、指导、协调毕业设计(论文)工作。

制订毕业设计(论文)管理文件和规章制度。

对毕业设计(论文)教学过程进行检查、监控。汇总毕业设计课题和开题情况，抽查毕业设计中期检查情况和后期检查情况，听取各院(系)的检查汇报等。

组织学校专家组对毕业设计(论文)过程中的各个环节进行质量监督和检查。

毕业设计(论文)结束后，抽查各院(系)的毕业设计(论文)，组织专家组审阅论文，总结本届毕业设计(论文)的优点。

组织进行工作总结，开展经验交流推广，评选校级优秀毕业设计(论文)和优秀指导教师，编辑出版优秀毕业设计(论文)集。

3.1.2　学院管理要求

各学院在开始进行毕业设计(论文)工作之前，应认真审查参加毕业设计(论文)学生的资格，毕业设计答辩的资格由学院根据各自专业特点审核。

各学院应尽早进行毕业设计(论文)动员，明确教学要求，并在毕业设计(论文)开始前的学期末检查选题落实及课题准备情况。

各学院要在毕业设计（论文）进行过程中，分三个阶段进行教学检查：前期主要检查开题情况，包括指导教师是否到岗、课题条件是否具备、学生是否有困难等；中期主要检查课题进展情况，包括课题进展是否符合计划要求、教师指导是否到位、学风是否正常等；后期则主要检查毕业设计（论文）完成情况，包括课题任务是否完成、完成部分的质量是否符合要求、毕业答辩准备工作进展情况等，对检查中发现的问题应及时整改。

各学院组织毕业设计（论文）答辩资格审查、答辩、成绩评定，审定学生的毕业设计成绩。组织评选本院的优秀毕业设计（论文）和优秀毕业设计指导教师，在此基础上，向学校推荐校级优秀毕业设计（论文）。完成毕业设计（论文）工作总结。做好毕业设计（论文）文档的归档工作。

3.1.3 系管理要求

各系担负着组织、指导学生进行毕业设计（论文）的任务，对毕业设计（论文）整个教学过程质量的优劣有直接的影响。

各系要成立以系主任为组长的毕业设计（论文）工作指导小组，成员为3～5人。

贯彻执行学校、院有关毕业设计（论文）的规定。

结合本专业培养目标和特点，拟订毕业设计（论文）具体工作计划和实施细则。

组织毕业设计（论文）课题的选题工作。

按照毕业设计（论文）工作的基本要求，审定毕业设计（论文）题目，并报院审查、批准。审题工作最好在第七学期末完成，最迟也应在毕业设计（论文）正式开始前两周结束。

根据指导老师的条件，确认指导教师名单。

组织填写毕业设计（论文）任务书，毕业设计（论文）管理系统引入后，这一步可在选题审批时同步完成。

组织学生毕业设计（论文）动员会，向学生下达毕业设计（论文）任务书。

指导、检查、督促毕业设计工作，掌握毕业设计的进度和质量，及时研究存在的问题。

具体组织实施毕业设计中期检查、后期检查和毕业答辩资格审查工作。建立毕业设计答辩委员会和答辩小组，并报院审批；组织毕业设计（论文）答辩和成绩评定工作。

做好本专业优秀毕业设计（论文）和优秀指导教师的评选推荐工作，认真进行毕业设计（论文）工作总结。

及时将学生的毕业设计（论文）及相关材料整理好，送交院资料室存档。

及时与院毕业设计专家指导组取得联系，互通信息，在专家组的指导帮助下，开展各项工作。

3.1.4 毕业设计（论文）指导教师工作要求

指导教师应由中级及以上技术职称、并且具有较丰富的教学和实践经验的教师担任。

原则上助教不能单独指导毕业设计(论文)，但经系科安排提前对毕业设计(论文)课题进行试做合格的，可以协助指导教师工作。指导教师由系安排，报学院主管教学院长审定。

指导教师应为人师表、教书育人，对学生严格要求，应始终坚持把对学生的培养放在第一位。指导教师要重视对学生独立工作能力、分析解决问题的能力、创新能力的培养及设计思想和基本科学研究方法的指导，应注重启发引导，注意调动学生的主动性、创造性和积极性。

毕业设计指导教师的职责具体来说有以下几个方面。

(1)指导学生选题，在毕业设计(论文)开始前向学生明确课题的目的、性质、内容及具体要求。

(2)指导学生制订开题报告，并定时检查。

(3)指导学生进行调研及收集必要的参考资料，查阅有关文献，督促和检查学生阅读资料文献的情况。

(4)在毕业设计(论文)过程中尽量激发学生的主观能动性，注重培养学生独立思考、分析和解决问题的能力及创新能力，可分阶段指导性地对学生介绍一些设计思路。

(5)检查毕业设计(论文)进度和质量，定期辅导答疑，及时了解学生在毕业设计(论文)过程中遇到的问题，并给予辅导。

(6)对学生必须严格要求，培养学生树立良好的治学态度和工作作风。

(7)对每个学生的毕业设计(论文)情况应有一个比较全面的掌握，并做好书面记录。

(8)认真审阅毕业设计(论文)，向学生提出补充和完善论文的意见。通过对学生进行全面考核，实事求是地写出评语，向毕业设计(论文)答辩委员会提出是否准许所指导的学生参加答辩的意见，并指导学生参加毕业答辩。

(9)参加毕业设计(论文)答辩。

(10)收齐学生毕业设计(论文)的全部资料、成果，按学校要求整理归档。

3.1.5 毕业设计(论文)对学生的要求

各专业所有毕业生都必须参加毕业设计。

(1)毕业设计(论文)教学环节是综合性的实践教学活动，不仅可使学生综合运用所学过的知识和技能解决实际问题，还训练学生学习、钻研、探索的科学方法，提供学生自主学习、自主选择、自主完成工作的机会。

(2)毕业设计(论文)是在指导教师的指导下，使学生受到解决工作实际问题、进行科学研究的初步训练。学生应充分认识此项工作的重要性，要有高度的责任感，在规定的时间内按要求全面完成毕业设计(论文)的各项工作。

(3)学生在接到毕业设计(论文)任务书后，在领会课题的基础上，了解任务的范围及涉及的素材，查阅、收集、整理、归纳技术文献和科技情报资料，结合课题进行必要的外文资料阅读并翻译外文资料。

(4)向指导教师提交开题报告或工作计划。在开题报告或工作计划中，要拟定完成课题所采取的方案、步骤、技术路线、预期成果等。经指导教师审阅同意后方可实施。

(5)学生应主动接受教师的检查和指导，定期向指导教师汇报工作进度，听取教师对工作的意见和指导。

(6)毕业设计(论文)是对学生工作能力的训练，学生在毕业设计(论文)中应充分发挥主动性和创造性，独立完成任务，树立实事求是的科学作风，严禁抄袭他人的设计(论文)成果，或请人代替完成毕业设计(论文)。

(7)学生在毕业设计(论文)答辩结束后，必须交回毕业设计(论文)的所有资料，对工作中的有关技术资料，学生负有保密责任，未经许可不能擅自对外交流和转让。

(8)学生应做好毕业设计(论文)的总结，在提交的成果中总结业务上的收获、思想品德方面的提高，感受到高级工程技术人才应具有的科学精神和品质。

(9)学生在毕业设计(论文)期间要遵守学校、学院的规章制度。

学生如需在校外单位进行毕业设计(论文)，应按《本科生在校外做毕业设计(论文)管理办法》的规定，由学院主管教学院长负责审批。视需要可聘请相当于讲师及以上职称的科研、工程技术人员担任指导教师，有关的系应指定专人负责联系，定期检查，掌握进度、要求，协调有关问题。

在校外进行毕业设计的学生，必须遵守所在单位的规章制度；听从单位指导教师的指导、安排，并通过 E-mail 或电话与校内指导教师经常保持联系，经常汇报自己完成的工作；按时完成毕业设计(论文)，按时返校，参加毕业答辩。

3.2 毕业设计(论文)的质量监控

毕业设计(论文)对体现整个学校教学质量的意义不言而喻，学校、学院及各个管理部门都要充分认识到它的重要性，加强组织、管理，指导教师及学生都要提高认识。只有通过此项实践环节，才能提高学生的综合能力及科学素养，使学生将所学理论知识、实践技能及方法得以综合应用和巩固提高，切实提高学生独立分析问题及解决问题的能力，也可缩短学生以后接触新工作的适应期。为了圆满完成毕业设计工作，加强毕业设计(论文)的质量监控是关键。

3.2.1 毕业设计(论文)的诚信承诺书

要通过各种途径和方式加强学生的学风教育，使学生理解毕业设计(论文)的重要性和意义，充分认识到做好毕业设计(论文)对自身业务水平、工作能力和综合素质的提高具有深远的影响。要在全校学生中倡导科学、求实、勇于创新、团结协作的优良学风，切实纠正毕业设计(论文)脱离实际的倾向，严肃处理弄虚作假、抄袭等不良行为。毕业设计(论文)工作结束时，学生须在《诚信承诺书》上签名。

3.2.2 毕业设计(论文)管理体系的建立

(1)制订毕业设计(论文)管理文件，如毕业设计(论文)工作手册、开题报告、毕业设计(论文)格式要求及范例等。

(2)建立分层管理制度，明确各级职责。

学校教务处对毕业设计(论文)进行全面管理；学院毕业设计(论文)领导小组负责学院的毕业设计(论文)组织、安排、检查工作；系组织、实施毕业设计安排落实工作；毕业设计指导教师具体完成对学生的毕业设计指导。

(3)制订毕业设计文档规范，严格按照规范要求去做。

(4)成立毕业设计(论文)专家组、毕业设计指导小组，指导、检查、督促完成毕业设计工作。

3.2.3 毕业设计(论文)质量监控体系的建立

为了提高学生毕业设计(论文)的质量，必须对毕业设计(论文)过程中影响质量的环节实施监控，构建质量监控体系，将质量问题消灭在萌芽中。

(1)预防性监控。预防性监控包括监控指导教师的职责及选题是否合适。指导教师方面，毕业设计(论文)必须由教学、科研经验丰富的讲师及以上职称的教师承担，指导的学生人数也应当依据不同的职称规定上限，指导教师定期与学生进行交流沟通，检查学生的任务进展情况，并提供相应的指导，填写《过程情况记录表》，对敷衍了事的学生提出明确的警告。

选题方面，要求指导教师三届内不能出现重复课题，以此遏制学生抄袭风气的滋生，鼓励学生创造性学习。选题范围、难易程度适当，以注重学生基础能力训练，发挥学生积极性，促进教学、科研及实践的融合为原则。鼓励在教师的科研项目资源中汲取素材，形成毕业设计(论文)选题，“真刀真枪”地让学生参与到科研项目中，以提高学生的科学分析和研究能力。

(2)过程监控。过程监控主要包括开题答辩、中期检查、毕业设计(论文)答辩前后的监控。开题答辩有助于促进学生尽快投入毕业设计的过程中，熟悉所做的课题，了解该项目需要完成的任务，安排好各方面进度。中期检查主要是考查学生毕业设计(论文)的进展情况，发现学生存在的问题，给出相应的指导意见。对完成任务不理想的学生，指导教师应提出警示，帮助并督促其完成规定任务。在学生最后论文答辩前，指导教师应严格、认真地查看学生论文的完成情况及各类文档资料，发现问题及时与学生沟通，要求学生结合该课题的设计方案、工作量尽快对课题加以完善；对学生的文献检索、阅读及综述能力、进度以及学生的科学素养、学习态度、纪律表现等情况进行评价并打分，给出评审意见。答辩组评阅教师仔细评阅学生论文，根据学生的选题情况、论文工作量、论文所体现的专业能力水平和最终论文质量，给出评分及评阅意见。毕业设计(论文)的答辩过程严肃认真，着重评价学生对论文的自述情况、回答问题的表现及毕业设计的水平和工作量，考量学生分析和解决问题的能力及对专业知识点的掌握情况。

(3)结果监控。结果监控就是在答辩结束后，高校教学质量管理办公室组织督导组对毕业设计(论文)进行抽查，按专业、指导教师职称情况进行划分，随机抽查学生的毕业设计，还可以收集和听取来自教师、学生、评估专家、社会用人单位等各层面的意见与建议，并进行分析汇总，从而提出改进意见，最后将结果逐一反馈给教师，使其在以后的毕业设计(论文)指导工作中能有的放矢地开展工作。

3.3 毕业设计(论文)材料的归档

本科生毕业设计(论文)及相关资料是学生在本科学习最终教学环节培养情况的一种真实记录，是反映学校教学效果及人才培养质量的重要资料，也是教学类科技档案的重要组成部分。它既有现实使用价值，又有历史与教育研究的价值。通常应该按“统一领导，分级管理”的原则，做好收集、编目、归档、保管和提供利用等工作。

各学院(系)应在毕业设计的后期，在做好本科生毕业设计(论文)管理工作的同时，切实做好毕业设计(论文)的建档工作。

1. 毕业设计(论文)资料的组成

(1)毕业设计(论文)任务书(可选)。

(2)毕业设计(论文)选题审批表。

(3)毕业设计(论文)开题报告或调研报告，有关毕业设计(论文)课题的文献综述等。

(4)毕业论文或毕业设计说明书(包括封面、中英文摘要、目录、正文、参考文献、附录(可选)、致谢(可选)等)。

(5)毕业设计(论文)答辩记录表。

(6)毕业设计(论文)成绩评定表。

(7)外文资料原文复印件及翻译译文(可选)。

(8)毕业设计(论文)中期进展情况检查表。

(9)工程图纸、程序及软盘等(工程设计、软件开发类课题)。

2. 毕业设计(论文)资料的填写

毕业设计(论文)统一使用学校印制的毕业设计(论文)资料袋和封面。毕业设计(论文)资料按要求认真填写，字体要工整，版面要整洁，手写一律用黑或蓝黑墨水。

3. 毕业设计(论文)资料的装订

毕业设计(论文)或毕业设计说明书统一按顺序装订：封面、中英文摘要、目录、正文、参考文献、附录、致谢，装订成册后与任务书、选题审批表、开题报告或调研报告、文献综述、成绩评定表、答辩记录表、中期进展情况检查表、外文资料原文复印件及翻译译文、工程图纸、程序及软盘等一起放入填写好的资料袋内上交学院。

本科生毕业设计(论文)归学校所有，必须按以上规定移交归档，集中保管，任何个人不得据为己有，不得擅自对外交流或转让。凡教师因工作需要需保留毕业设计(论文)时，对不涉及技术秘密的，需经系主任签批；对涉及技术秘密的，需经科研课题负责人签批。学生不得保存、复印论文，需要保存者，凡属院级集中保管的，需经主管科技档案的院领导批准；凡属系保管的，需经系主任批准。违反者一经发现按违反校纪论处，如已产生侵犯学校权益后果的，还得追究其责任并做相应处理。不同学校在使用不同的毕业设计(论文)管理系统时，纸质的存档材料会有不同，这个根据学校实际系统的存档设置来完成。

第4章 电子信息工程专业指导示例

4.1 电子信息工程专业简介

1. 专业培养目标

培养适应社会主义现代化建设和电子信息行业发展需要，德智体美全面发展，具有良好的科学文化素质与敬业精神，掌握电子技术及信息系统的基础知识，具有较强的工程实践能力、协作精神和创新精神，能够从事各类电子设备与信息系统的设计、开发应用以及质量监督、设备维护、技术管理和服务等方面工作的复合型、应用型高级工程技术人才。

电子信息工程专业的毕业生应具备以下知识能力和素质结构。

(1)具有扎实的自然科学基础知识和一定的人文社会科学知识。

(2)系统掌握信号与信息处理、通信的基本理论和技术，具有良好的科学素质和科学实验能力。

(3)掌握计算机应用技术，具有从事计算机网络及通信、数据库应用研究和开发的能力。

(4)掌握电子电路的基本理论与分析方法，具有对电子系统进行设计和分析的能力。

(5)能熟练掌握一门外语，能阅读本专业的外文资料。

(6)掌握文献检索的基本方法，具有一定的科学研究与实际工作能力。

(7)能够了解信息系统的发展趋势，具有较强的知识更新能力和自学能力。

(8)具有创新意识和一定的创新能力。

2. 专业主要课程

电子信息工程专业的主要课程包括电路分析基础、模拟电子技术、数字电子技术、信号与系统、微机原理与接口技术、通信原理、电磁场与电磁波、数字信号处理、通信信息网络、信息论与编码等。

3. 专业就业方向

学生毕业后可胜任电子和信息类高技术企业的技术与管理岗位，能够从事电子设备及信息系统的设计、制造、开发和推广工作，从事电子信息生产与应用领域中的质量监督、设备维护工作，或者从事技术管理和技术服务工作。

4.2 电子信息工程专业毕业设计(论文)选题

选题是决定毕业设计(论文)训练成败与质量好坏的关键之一。

电子信息工程专业本科从选题的内容上可以分为理论型毕业设计(论文)和应用型毕业设计(论文)两大类。

从本科毕业设计(论文)课题的来源，也可以分为教师命题型和学生自确定型毕业设计(论文)两大类。

从电子信息工程专业本科毕业设计(论文)所涉及的研究领域来看，又可以将其划分为如下领域。

(1)电子电路设计(如报警器、各种控制器、滤波器、放大器等)。

(2)单片机应用系统设计。

(3)DSP应用系统设计。

(4)计算机接口电路设计。

(5)电路仿真技术。

(6)计算机网络通信研究。

(7)数据采集系统设计。

(8)电子设备、电子产品的研究开发、改进。

(9)电子系统间的通信技术研究。

(10)应用于电子技术中的软件研究与开发。

(11)音频、视频等各种电信号的数据处理技术。

(12)电子电工仪器仪表的研究、开发、改进。

(13)软件设计(学生人数不能超过总人数的10%)。

(14)控制系统研究与仿真。

备注:

(1)所列毕业设计(论文)题目，要求提供课题研究的主要内容、主要知识背景(完成课题需要的知识)、参考书目、所需软件、部分有代表性的参考文献等。

(2)毕业设计内容可紧密结合部分专业课程(参考该专业主要课程：电路理论、模拟电子技术基础、数字电子技术基础、微机原理与接口技术、信息理论与编码、通信原理、信号与系统、数字信号处理、电磁场与电磁波、EDA技术、高频电子线路、传感器原理及应用等)，与课程内容相联系，要贴近学生实际水平，但也要适当拔高，即学生在完成毕业设计过程中要学部分新知识。

(3)毕业设计题目也可参照相关硕士论文中较为基础的部分;也可结合电子设计大赛题目，进行电路组合、功能模块组合设计等出题，给基础较好、有一定积累的同学提供条件做出具体设计作品。

(4)学生自行拟定的题目应得到一名教师签字认可，同意作为该题目的导师。

(5) 确保一人一题。有关课题若需多人共同完成，则应明确每个学生应各自独立完成的设计(论文)内容，并通过副标题的形式予以区别。

4.3 电子信息工程专业毕业设计(论文)示例

下面以毕业设计(论文)课题“一种非接触式红外测温系统设计(测温模块)”为示例，介绍该专业毕业设计(论文)的撰写(注：该论文含原论文主体结构，非原论文全部)。

一种非接触式红外测温系统设计(测温模块)

摘　要

温度是描述物质状态的重要参数，温度测量技术应用也十分广泛。传统的温度测量方式需要传感器与被测物直接接触，在特定情况下(传感器不能与被测物体接触)就需要采用非接触的方式来进行温度的测量。本文设计了一种非接触式红外测温系统，该系统以 STC89C52 单片机为控制核心，采用 TN901 红外测温传感器作为测温模块，同时具备液晶显示功能，实现了实时温度的测量与显示。相对于传统的测温方式，该设计具有简单快捷、适用范围广、功能稳定等优点。

关键词： 单片机　红外测温　传感器　系统

Design of Non-Contact Infrared Temperature Measurement System (Temperature Measurement Module)

Abstract

Temperature is an important parameter of describing the state of matter, and the technology of temperature measurement is widely used in practice. For the traditional temperature measurement method, the senior should be contacted with the object. However in some applications where the sensor can not be contacted with the object, the non-contact temperature measurement is required to obtain the temperature. This thesis designs a non-contact infrared measurement system. Our system takes the STC89C52 single chip as the core, and the TN901 infrared temperature sensor as a temperature measurement module. At the same time, it also processes LCD function. In one word, real-time temperature can be measured and displayed on our designed system. Compared to other temperature measurement methods, our system is more simple and prompt. In addition it shows good stability and wise use.

Key Words: single chip; infrared temperature measurement; sensor; system

目　录

IV

1. 绪论

1.1 研究背景及意义

温度是描述物质状态的重要参数。在科学技术日益发达的今天，传统测温技术的不足逐渐显露出来。为满足更多领域的测温需求，非接触式测温技术逐渐得到关注。非接触式测温以黑体辐射定律为原理，通过采集物体向外辐射的能量判定温度，即红外测温[1,2]。红外测温技术在工业、农业、科技以及日常的生产生活中发挥着重要作用。

非接触式红外测温系统的出现弥补了传统测温技术的不足[3]，终将取代传统测温。它具有响应速度快、非接触、操作简易、使用安全、寿命长等优点，除此之外，该系统测量方式简单快捷、适用范围广(可用于温度较高、腐蚀性强等环境下)、功能稳定。

本文侧重描述系统的测温模块，侧重于测温模块的流程设计、软件设计等方面。测温模块中红外温度传感器的选择是关键。红外温度传感器的种类繁多，它的发展较快，技术较成熟，本次设计我们选择了 TN901 红外测温传感器。

1.2 红外测温简介

1.2.1 红外测温原理

红外测温是指检测元件通过采集视内目标所辐射出的能量来测读目标温度[4]。常用的检测元件有热电型或光电探测器。红外测温的原理是黑体辐射定律(black body radiation law)，也简称普朗克定律(Planck's law)。普朗克定律描述了任意温度下，黑体发射的电磁辐射的辐射率与电磁辐射的频率的关系。有公式如下：

$$P_{\mathrm{b}}(\lambda T)=\frac{c_1\lambda^{-5}}{\mathrm{e}^{c_2/\lambda T}-1} \tag{1}$$

式中，$P_{\mathrm{b}}(\lambda T)$ 为黑体的辐射出射度；λ 为波长；T 为热力学温度；c_1、c_2 为辐射常数。

图 1.1 为不同温度下黑体光谱辐射度。

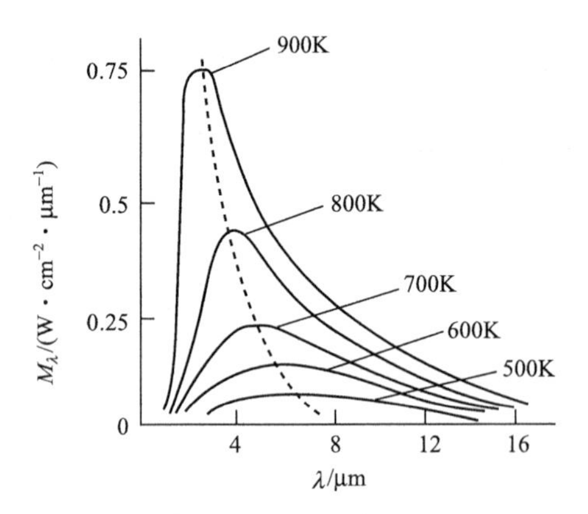

图 1.1　不同温度下黑体光谱辐射度

根据图 1.1 中的曲线，分析可得如下结论。

(1) 在不同温度下，黑体的光谱辐射度根据波长的变化而变化，每条曲线连续且不间断，有且仅有一个极大值；

(2) 温度越高，光谱辐射度极大值所对应的波长越小，即黑体辐射中的短波长辐射所占比例增加；

(3) 当温度不断升高时，黑体辐射的曲线也随之上移，即在任一指定波长处，温度越高对应的光谱辐射度也越大，反之亦然。

2

众所周知，任何大于绝对零度(0K)的物质都在向外辐射能量，温度越高则波长越长，反之温度越低波长越短，红外测温技术的原理基础便是如此[5,6]。本系统正是利用这种技术，采集物质辐射的能量并将这种能量转化为数字信号，传入单片机并通过单片机的温度互补转换温度值，最终在显示器上直观读取温度[7]。

1.2.2 红外测温方法

根据测温原理的不同，可将测温方法分为三种[8,9]：①全辐射测温法，测量辐射物体的全波长的热辐射来确定物体的辐射温度；②比色测温法，根据被测物体在两个波长下的单色辐射亮度的比值随温度的变化来确定被测目标温度；③亮度测温法，根据物体在一定波长下的单色辐射亮度值来确定它的亮度温度[10]。

上面提及的第二种测温方法的光学系统能够局部遮挡，烟雾灰尘对其影响不大，测温误差也小，但这种方法必须选择适当波段，波段的发射率不宜相差过大。第三种测温方法不需要环境温度补偿，这种方法发射率误差小，测温精度高，但是这种方法往往工作于短波区，适合高温测量。综合考虑，本文采用了第一种方法。

1.2.3 红外测温技术背景与发展状况

20 世纪 60 年代我国开始研究红外测温技术，70 年代后期开始研究红外玻璃测温计，但至今未形成系列产品，工业上的应用也很少。我国的第一台红外测温仪在 20 世纪 60 年代研制成功，从 1990 年我国开始不断地研究各类适用性更好的测温仪器，如西光 IRT-1200D 型、HCW-III 型、HCW-V 型等。近年来工业发展非常迅猛，产品更新换代的速度也

3

越来越快。在这样的大背景下，现实情况对测温系统的需求量越来越大，尽管接触性测温传感器件有其不可替代的优势，但非接触性的红外测温技术也逐渐成为各行各业注视、研究、开发的重点对象。相对于国内，国外的红外测温技术发展较早，技术更为成熟，它们的红外测温产品种类较多、精度更高、分辨率更高。

国外红外测温技术发展的速度较为迅猛，如日本松下、川崎等公司生产简易辐射温度计，美国生产的 PM 系列测温仪，瑞典生产的红外热像仪等，这些产品从技术上看水平都较高，产品的性能也更好。与国外相比，我国的红外测温技术还处于落后状态，产品种类不多，产品的性能也不如国外产品。但随着社会的进步，红外产品会逐渐步入大众视野并得到普及，将来会有更多的优秀人才和科研机构参与相关方面的研究，国内的红外测温产品性能将不断优化，以满足工农业生产的需求。

4

2. 红外测温系统的设计方案

在了解并掌握了红外测温技术的一些理论知识后，我们明确了此次设计的任务。根据本论文的任务，我们确定选用 STC89C52 单片机为系统的控制中心，由 TN901 红外测温传感器构成重点——红外测温模块。除此之外本文还涉及显示模块和硬件模块。各个模块都是在对比之后确定最优方案。

2.1 红外测温系统设计任务

本论文研究内容为基于单片机控制技术实现非接触式红外温度实时测量，并输出到屏幕上[11]。主要研究的内容包括红外测温的原理及方法、单片机控制技术、测温模块的软件设计。

在此红外测温系统中，本文主要针对红外测温模块。在实际的设计过程中，通过对 TPS334 和 TN901 这两种红外温度传感器进行仔细的学习和了解，经过合理的分析与论证，最终，选取 TN901 红外测温传感器。

设计一种基于单片机的非接触式智能红外测温系统，包括单片机，以及与单片机连接的液晶显示模块、测温模块、按键模块和报警模块。所述液晶显示模块用于显示时间和温度值，所述测温模块用于将辐射红外线能量转化为电信号，所述按键模块用于输入信息，所述报警模块用于设定报警阈值，当超出设定阈值时进行声光报警。该系统温度分辨率高、响应速度快、测量精度高、稳定性好、使用寿命长、成本低廉，可以适用于多种场合。

2.2 红外测温系统方案介绍

2.2.1 主控制器模块选择

采用 STC89C52 单片机作为整个系统的核心，用其控制测温传感器并进行处理，输出到液晶屏幕上[12-14]。这种单片机简单易控制，更加方便快捷。本文所选 STC89C52 单片机相较于其他选择具有低价格、低功耗、高性能等优势。它具有 8KB 在系统内可编程 Flash，内有 3 个定时器，比传统的 51 单片机功能更多，性价比更高，程序储存空间、数据存储空间更大[15-17]。

2.2.2 红外温度传感器选择

红外温度传感器不仅可以在点温度测量中使用，也可用于大面积温度测量[18,19]。这种测温技术温度分辨率高、响应速度快、不影响测量目标，具备测温精度高、稳定性好等优点。在整个系统设计中，红外温度传感器的选择至关重要。考虑到传感器技术发展很快，产品种类繁多，此处将两个待选产品及方案进行了比较，并给出了最终方案[20,21]。

方案 A：选用 TPS334 红外温度传感器。TPS334 红外温度传感器具备多路复用的专用集成电路和各种各样的光学滤波器，它适合窄带和宽带应用的各种光学滤波器，敏感系数在同类中算比较高的。

方案 B：选用 TN901 红外温度传感器[22]。这种传感器有很多优点，例如，自带温度补偿电路与线性处理电路，能直接输出数字信号，较为简便。此外它的响应速度快，稳定性和精度准在同类产品中也较优，与单片机连接简单，便于传输数据。它能测量 30m 以内目标物体的温度，反应时间约为 0.5s。

6

综合上述比较，采用方案 B。

2.2.3 按键模块选择

方案 A：选用矩阵式的键盘。优点：适用于按键多的情况。缺点：电路复杂、编程较难。

方案 B：选用独立式的按键电路。优点：按键独立工作互不干扰，直接扫描端口。电路设计很简单，且编程也相对比较容易。缺点：当所需按键数量较多时，会占用单片机很多 I/O 口。

综合上述比较，此次系统中只需要加减按键、复位按键，总体需要的数量不多，所以采用方案 B。

2.2.4 显示模块选择

方案 A：采用静态显示。优点：不占用端口，只需两根串口线输出。缺点：硬件制作较复杂，功耗大，需要较多移位寄存器。

方案 B：采用 LCD。优点：便于与单片机接口、硬件容易制作、能显示很多内容、采用间断扫描的方法降低了功耗、成本相对较低。缺点：LCD 屏幕亮度可能达不到要求。

综合上述比较，结合本系统设计提及的功耗小、体积小、成本低，及显示信息多等要求，采用方案 B。

2.2.5 电源模块选择

本系统采用电池供电，以下是几种方案对比。

方案 A：采用 5V 蓄电池作为电源。优点：电流驱动能力强、电压输出性能稳定。缺点：体积较大，不便于更换与维护。

方案 B：将 3 节 1.5 V 干电池串联构成 4.5V 的供电电源。在满足各

7

个模块工作稳定的条件下，这种电源更换方便，占用体积小。

综合上述比较，采用方案 B。

2.2.6　系统方案总结

本设计确定采用 STC89C52 单片机作为系统的控制中心、采用 TN901 红外测温传感器构成测温模块、采用 LCD1602 屏幕显示构成液晶显示模块、采用干电池串联构成电源模块、采用独立式按键作为按键输入模块，此外系统还加入了蜂鸣器与 LED 声光报警模块，以上各个部分组成了系统方案。单片机控制 TN901 红外测温传感器实时检测目标温度，并将所测温度在内部转换为数据，最终通过显示屏传达出来；若所测温度超过上限值，则蜂鸣器响，完成报警；反之正常显示温度值。温度的上限值可通过按键电路调控，可大可小。图 2.1 为系统总体框图。

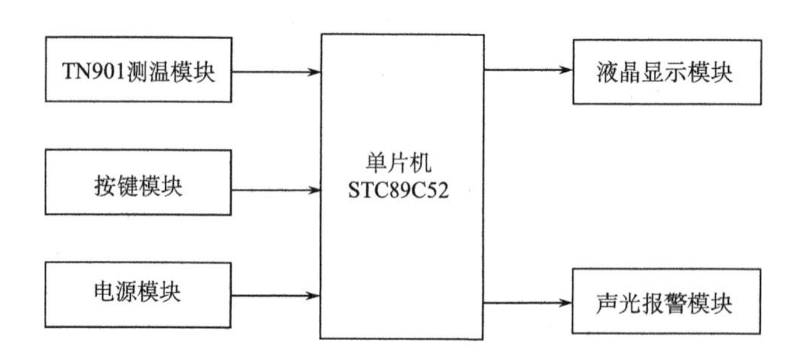

图 2.1　系统总体框图

3. 红外测温系统的硬件设计

经过系统方案的比较、设计与论证，确定本系统需要采用 STC89C52 单片机、TN901 红外测温传感器、LCD1602 液晶显示、独立式按键等器件，本章将对这些主要芯片的相关参数以及单元电路的设计进行介绍。

3.1 主要芯片介绍

3.1.1 红外测温模块

TN901 红外测温传感器本质上是一种集成的红外温度探测器，它内部有温度补偿电路和线性处理电路，可直接输出数字信号，这种传感器响应速度快、测量精准且性能稳定，能测量 30m 以内目标的温度，测量回应的时间大约为 0.5s。并且它本身带 SPI 接口，这样方便与单片机连接传输数据。它用红外温度传感器直接扫描目标，并将采集到的红外辐射数据传送给单片机模块。

……

3.1.2 LCD 显示模块

LCD1602 是一种工业字符型液晶显示器，它专门用于显示字母、数字、符号等点阵，能够同时显示 16×02(16 列 2 行)，即 32 个字符。

……

3.1.3 STC89C52 单片机

主控模块是整个系统的核心部分，本文选用 STC89C52 单片机作为系统的控制中心。

……

9

3.2 主控制模块电路设计

主控制模块电路主要包括单片机、复位电路和时钟电路。

STC89C52 单片机的工作电压为 4～5.5V，一般选用 5V 直流电作为电源。将 VCC 接电源，GND 接地就可以了。此次设计采用独立式按钮实现复位功能，手动操作就能实现复位功能。复位功能能制止外部环境干扰单片机工作而出现的程序跑飞行为，实现程序的重新运行。

时钟电路又称振荡电路，单片机根据外界电路提供的一个正弦波信号判断执行速度。X1 为反向放大器的输入端，X2 为输出端，当采用外部时钟源模式时，X2 不接。

10

4. 红外测温系统的软件设计

本文所述红外测温系统的设计主要包括四个部分，分别是主程序模块的设计、红外测温模块的设计、显示模块的设计以及硬件模块的设计。考虑到论文侧重红外测温模块，所以对主程序模块和测温模块的程序设计进行了详细介绍，而对其他各模块仅进行相应简要的介绍。

4.1 程序流程

4.1.1 主程序流程

主程序模块的设计确定了整个系统的工作流程，它的核心器件是单片机，本文主程序模块选用 STC89C52 单片机。它是由 STC 公司生产的一种 CMOS 8 位微控制器，这种传感器功耗低、性能好。它具有 8KB Flash、512B RAM、32 位 I/O 口线、看门狗定时器、内置 4KB EEPROM、复位电路、3 个 16 位定时器/计数器、全双工串行口等功能。它的工作电压有两种，分别是 3.3～5.5V（5V 单片机）或者 2.0～3.8V（3V 单片机），工作频率范围为 0～40MHz，实际工作频率可达 48MHz。这种单片机具有成本低、性能好、原有程序直接使用无须改变硬件、兼容性好、器件轻巧等优点。

如图 4.1 所示，启动电源，STC89C52 单片机自动实现复位，启动程序。程序启动后，第一步完成系统的初始化，第二步完成开机显示，接下来进入程序的判断部分。首先要判断是否有按键输入，如果有按键输入就重置温度上限值，再进入温度测量；如果没有按键输入，就直接进入温度测量。在完成温度的测量之后要判断测量温度是否超过上限值，若超过上限值则启动报警，显示温度值，若未超过上限值则直接显示温度值，进入下一轮测温。

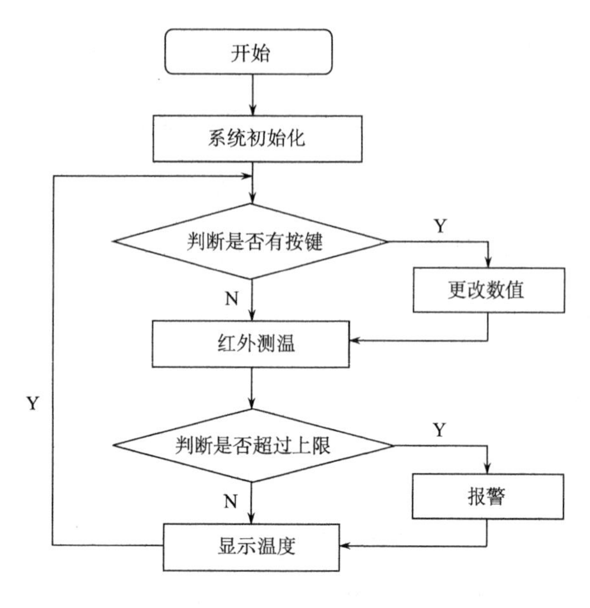

图 4.1　主程序流程图

此次设计在主程序中另加入了报警系统(并未在主流程图中显示)，当温度超过设定的警戒值时蜂鸣器报警。

4.1.2　测温模块流程

测温模块是本系统设计的关键，这一模块的核心器件是传感器。本系统选用集成红外传感器 TN901 以实现红外测温。它的内部自带温补电路和线性处理电路，可以直接输出数字信号，这种传感器自带 SPI 接口，便于完成与单片机间的数据传输。根据 Stefan-Boltzmann 定律，总辐射能量与热力学温度的四次方成比例，在 Wien 位移定律中，峰值波长和温度的乘积为常数。红外反射镜通过波长为 5μm 或 8μm 的红外滤波器将测量目标的红外辐射收集到红外热电堆检测器。本文所选传感器具有

12

成本低、精度高、响应速度快、稳定性好的优势。

……

4.2 程序编辑及分析

4.2.1 主程序编程

系统主程序即红外测温，所测温度在安全范围内则显示温度，若超出上限，蜂鸣器报警，上限设定值通过按键加减确定[9,12]。具体编程如下。

首先定义头文件：显示器、传感器、STC89C52 单片机：

```
#include"LCD1602.h"
#include"TN901.h"
#include "eepom52.h"
```

接着确定主要端口的接入，将蜂鸣器接入单片机的 P13 端口，按键减接入 P17 端口，按键加接入 P30 端口，程序表示为

```
sbit BUZZER = P13;
sbit Reduce = P17;
sbit Add = P30;
```

确定好相应的端口后，定义一个计量单位记为 count，当前温度记为 temp，温度上限值记为 temp_h，暂时设定为 25℃。

```
void main(void)
{
 unsigned char count;
 unsigned int temp;
 unsigned char temp_h=25;
 unsigned char disp[16]={"T:00 C    T_H:00 C"};
```

完成 LCD 显示屏的初始化后，设置开机后第一行显示为“TEMP IR System”，取读设置的温度上限值，设置一个 while 结构，完成上限值

的加减设置和存入，程序解释如下：

……

以上，完成了上限值的设定，关于测温和温度的显示部分，由STC89C52单片机控制传感器测温，测温值在LCD屏幕第二行显示，同时显实的还有设置的上限值，两者的显示都以十进制形式，设置一段程序将十六进制转为十进制如下：

```
disp[2]=temp/10+0x30;          //当前温度值取十位
disp[3]=temp%10+0x30;          //当前温度值取个位
disp[12]=temp_h/10+0x30;       //温度上限值取十位
disp[13]=temp_h%10+0x30;       //温度上限制取个位
writechar(2,0,16,disp);
```

当所测温度大于上限值时，进入报警程序，蜂鸣器响，二极管亮，程序如下：

```
if(temp>temp_h)
{
    count++;if(count>100)count=6;
    if(count%5==0)
    {
        BUZZER=～BUZZER;
    }
}
else BUZZER=1;
```

4.2.2　延迟程序编程

在设置温度报警值的程序中，由于采用的是器械触电构成的独立按键，这种按键存在按键抖动问题，会影响单片机对按键的判断。为了防止按键抖动，可加入延迟函数，部分程序如下：

```
void Delay(uint T)
{
```

14

```
    uchar j;
    for(T;T>0;T– –)
        for(j=300;i>0;i– –);
}
```

其中，T 为延迟倍数，它的设置范围为 0～65535。

4.2.3　TN901 传感器编程

在本系统中最关键的是测读数据，而这一功能取决于传感器，在这里详细介绍一下 TN901 是如何实现数据采集的。首先确定传感器启动信号引脚接单片机 P10 端口，脉冲信号输出引脚接单片机 P11 端口，数据输出引脚接单片机 P12 端口，再定义一个缓存数据的数组，对应程序如下：

```
sbit A_TN9=P10;
sbit CLK_TN9=P11;
sbit DATA_TN9=P12;
unsigned char TN_Data_Buff[5];
```

接着进入传感器最重要的测温程序：

……

传感器实现测温功能后，通过内部程序读出温度值(取读方法在硬件设计部分介绍过)，并将数据传给 STC89C52 单片机，在显示屏上显示出温度。

5. 红外测温系统的调试与测试

在完成了系统的设计以后，我们对设计成品进行了各方面的调试与测试。

5.1　测温功能测试

为了对本系统的测温功能进行测试，我们将本系统所测物体的温度数据与其他测温工具所测温度进行对比分析，选用测温范围 0～100℃的水银红水温度计，数据如表 5.1 所示。

表 5.1　测量数据

目标物体	非接触红外测温/℃	水银红水温度计/℃	误差/%
1	31.0	30.6	1.3
2	30.0	29.2	2.7
3	25.0	24.3	2.9
4	26.0	25.5	2.0
5	32.0	31.2	2.6
6	23.0	22.4	2.7

由以上数据分析发现本系统的测温误差控制在 1%～3%，所测温度相对精准。

5.2　显示功能测试

系统的整体效果如图 5.1 所示。

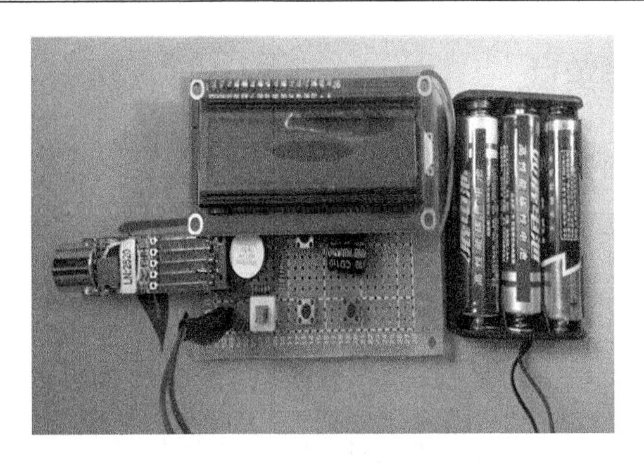

图 5.1　整体效果图

图 5.1 左边凸出板子部分为传感器，中间为 LCD 显示屏，紧贴着显示屏下方的为复位按钮，最下面一排从左至右的三个按键分别为电源键、按键加、按键减。本系统选用 3 节 5V 电池作为供电源。

图 5.2 所示为系统的开机显示界面。显示屏的第一行为 TEMP IR System，第二行 *T* 为当前所测环境温度，T_H 为设置的上限报警温度。这部分的程序在 4.4 节中有提及，如 writechar (1,0,16,“TEMP IR System”)，这段程序确定了第一行的显示内容，开机效果如图 5.2 所示。

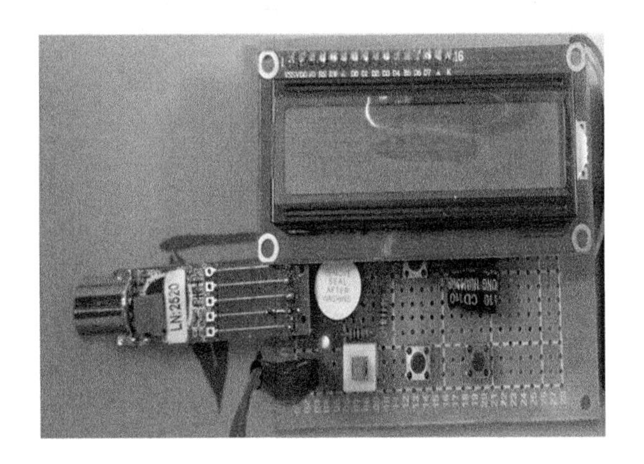

图 5.2　开机效果图

5.3 按键性能测试

原设系统上限温度为34℃，在程序中通过一个else选择程序选择加减按键，加程序为Add，减程序为Reduce，现通过按键减和按键加功能将上限温度调至32℃和38℃，如图5.3和图5.4所示。

……

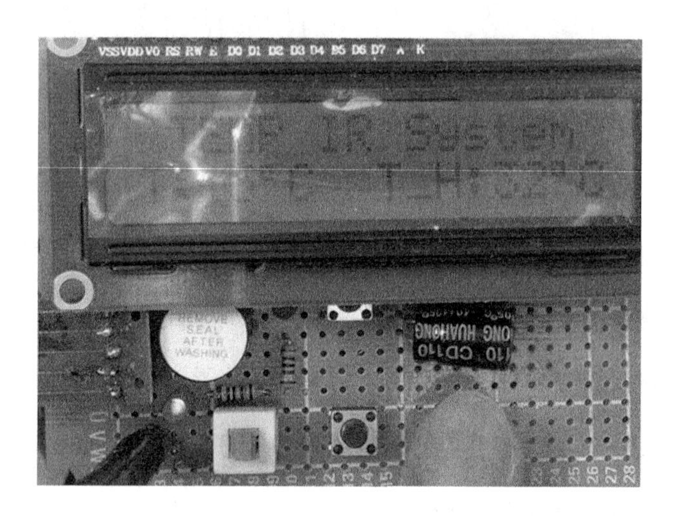

图5.3 按键减效果图

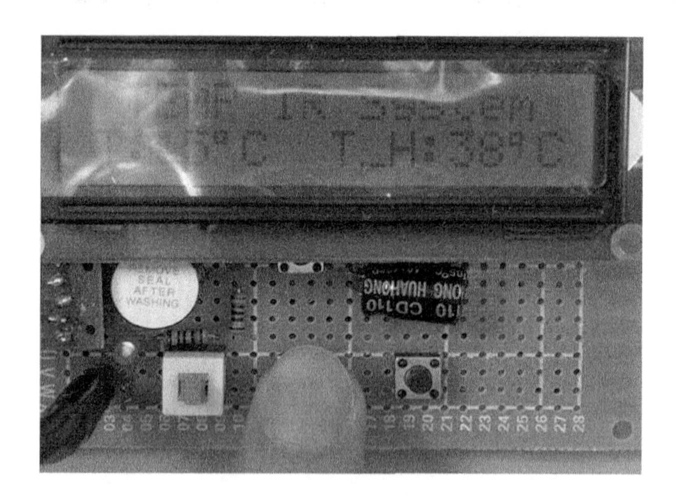

图5.4 按键加效果图

18

5.4 报警性能测试

将上限值设置成 34℃，测试手心温度为 37℃，超过预警温度，蜂鸣器响，警示灯亮。在程序中首先判断温度是否大于上限温度，设置一个计量单位，当温度大于设置值时，蜂鸣器取反，反映出来即蜂鸣器响、二极管亮。

……

5.5 整体性能评估

本测温系统是一种非接触的红外测温系统，由于各种因素的影响存在误差。经过反复的实验测试可知，测温范围影响测温结果，测温范围越窄，测温精度越高；反之测温范围越宽，测温精度越低。综合各方面原因，总结影响测温精度的因素如下。

(1) 辐射率。该物理量是用来衡量物体表面以辐射的形式释放能量相对强弱的能力，辐射率等于物体在一定温度下辐射的能量与相同温度下黑体辐射能量的比值，也就是说每个物体的辐射率都不相同，这也会影响结果。

(2) 测温距离。测量目标距离传感器的远近影响测量结果。

(3) 传感器内在影响。

尽管系统存在误差，但是整个方案的设计思路是可行的，后期可以通过改善或选用更好的元器件或其他方式来优化设计，减小误差。整体而言，本设计系统工作性能稳定、可行。

19

结语

本系统分为三个模块，分别为硬件模块、测温模块、显示模块，各个模块的主要器件有STC89C52单片机(控制中心)、TN901红外测温传感器(测温模块)、LCD1602液晶显示(显示模块)，此外还有电源、按键和蜂鸣器等共同构成了完整的系统。在整个系统中TN901红外测温传感器实现温度的实时采集，并将采集到的数据传送到STC89C52单片机，STC89C52单片机经过内部的数据转换处理，最后在液晶屏上显示温度。当温度超过预设上限值时，蜂鸣器响，二极管亮。报警上限值可通过加减按键调整，复位按钮可实现数据初始化。

对于本次设计的测温模块，传感器的选择至关重要。本系统选择了成本低、精度较高、轻巧的TN901红外测温传感器。虽然所测温度只能精确到整数位，但是用于对精度要求不高的生产生活中很方便。此次设计的测温功能相对稳定，结构设计起来简单，调试也很方便，系统反应快速灵活。经过最终的测试与调试，本次设计方案可执行，测量数据精准。

参考文献

[1] 王魁汉, 等. 温度测量实用技术[M]. 北京: 机械工业出版社, 2007: 254-255.

[2] 杨超普, 方文卿, 刘明宝, 等. MOCVD 原位红外测温方法的比较研究[J]. 应用光学, 2016, 37(2): 297-302.

[3] 晏敏, 颜永红, 曾云, 等. 非接触式红外测温原理及误差分析[J]. 计量技术, 2005(1): 23-25.

[4] 高原, 张振国. 非接触式便携数字温度计的设计[J]. 科技信息, 2011(21): 462-463.

[5] 李军, 刘梅冬, 曾亦可, 等. 非接触式红外测温的研究[J]. 压电与声光, 2001, 23(3): 202-205.

[6] 田明, 熊潞嘉. 分析红外测温的原理、误差及其解决途径[J]. 仪器仪表标准化与计量, 2016(2): 40-42.

[7] CAO X Z, GUO L H, LI Z. Infrared radiation measurement of the aerial target based on temperature calibration and target images[J]. Optelectronics Letters, 2006, 8(2): 121-130.

[8] RAHMELOW K. Electronic influences on an infrared detector signal: nonlinerity and amplification[J]. Applied Optics, 1997, 36(10): 2123-2132.

[9] 谢光忠, 蒋亚东, 吴志明, 等. 温湿度智能数据采集控制系统的研制[J]. 传感器技术, 2000, 19(4): 29-33.

[10] 薛彪, 张可儿, 岳明星. 基于单片机的非接触式温度测量仪设计[J]. 陇东学院报, 2016, 27(3): 14-18.

[11] 李建忠. 单片机原理及应用[M]. 西安: 西安电子科技大学出版社, 2002.

[12] 王卫兵, 高俊山, 等. 可编程序控制器原理及应用[M]. 北京: 机械工业出版社, 1998.

[13] 陈伟人. 单片微型计算机原理及其应用[M]. 北京: 清华大学出版社, 1989: 295.

[14] 谭浩强. C 程序设计[M]. 北京: 清华大学出版社, 1999.

[15] 付朝霞. 红外测温技术在带电设备维护中的应用[J]. 电力安全技术, 2016, 18(6): 10-13.

[16] 宋戈, 黄鹤松. 51 单片机应用开发范例大全[J]. 北京: 人民邮电出版社, 2010.

[17] 朱定华, 戴汝平. 单片微机原理与应用[M]. 北京: 北方交通大学出版社, 2003.

[18] 宋文, 杨帆. 传感器与检测技术[M]. 北京: 高等教育出版社, 2004.
[19] HARTLEY N P, MAKSIMOV E G, et al. Eoitaxially grown pyroelectric infrared sensor array for human boby detection [J]. Integrated Ferro Electrics, 1995, 6(2): 241-251.
[20] 向才香, 廖玉祥, 陈攀, 等. 红外测温在电网中的应用[J]. 电工技术, 2016(5): 37-38.
[21] 李江全, 朱东芹, 等. 数据采集与串口通信测控应用实战[M]. 北京: 人民邮电出版社, 2010.
[22] 宋传皓. 非接触式红外测温装置研究[J]. 电脑知识与技术, 2015, 11(7): 271-274.

致谢

大学四年转瞬即逝，我用这篇毕业设计作为我大学的句点。此次毕业设计是在学院老师的指导和团队伙伴的帮助下完成的，当然，也凝结了我的许多努力。我要感谢我们团队的丁××同学，他负责的是本次设计的硬件部分，包括元件的购买、焊接等；另外还要感谢团队的许××同学，她负责的是设计的显示部分。在此次设计中我负责的是测温部分，从前期资料的搜集与学习到中期程序的编写到最后论文的完成，期间我遇到了许多问题，好在这些问题并没能阻止我前进，而是激励着我不断前行直至成功。

最后，我要感谢此次毕业设计的指导老师。谢谢他指导我选择了一个好的课题，在我完成毕业设计的过程中他耐心的指导使我少走了很多弯路，他一次又一次地指导我如何修改论文，期间我学到了很多。此外也要感谢周围的其他同学，在我遇到问题时，他们能给出自己的想法，跟我一起探讨，帮助我攻克一个个难点。这篇论文可能存在很多不足，恳请指导老师批评指正，我会吸取经验教训的，谢谢大家。

第5章　电子科学与技术专业指导示例

5.1　电子科学与技术专业简介

1. 专业培养目标

培养具备电子学、电子信息技术和通信、新能源转换与控制技术等方面的宽厚理论基础及基本专业知识，有较强的实践动手能力和跟踪本领域新理论、新知识、新技术的能力，能够胜任电子技术、计算机应用、电子系统设计及光电子、太阳能、光伏发电与控制、通信等行业的技术工作，从事这些领域中新产品、新技术、新工艺的研究、开发或管理的专门人才。

2. 专业主要课程

电子科学与技术专业的主要课程包括高等数学、大学英语、大学物理、模拟电子技术、数字电子技术、高频电子线路、电力电子技术、EDA技术、传感器原理、数字信号处理、信号与系统、C语言、微机原理与接口技术、光电子技术、光伏发电与控制技术、微控制技术等。

3. 专业就业方向

能够到机械、电气、电子、通信、光电子、太阳能、光伏发电与控制技术等行业的企事业单位，从事产品开发、设备维护、工艺设计、测试检验、技术或生产管理等工作。也可以到高等职业技术学校及其他需要电子信息类专业人员的单位从事教学、科研、技术服务和管理工作。

5.2　电子科学与技术专业毕业设计(论文)选题

毕业设计的选题是决定毕业设计训练成败与质量好坏的关键因素。

(1) 电子科学与技术本科毕业设计从选题的内容上可以分为理论型毕业设计和应用工程型毕业设计两大类。

(2) 从本科毕业设计(论文)课题的来源，也可以分为科研开发型毕业设计和自确定型毕业设计两大类。

(3) 从电子科学与技术专业本科毕业设计所涉及的研究领域来看，又可以将其划分为电子方向的毕业设计课题和信息方向的毕业设计课题两大类。

对于电子方向的毕业设计课题，学生主要承担涉及硬件或电子元器件制作方面的课题，例如，电子线路设计与制作、通信设备与底层协议的设计与实现、DSP 器件的二次开发、信号的处理与分析等。

对于信息方向的毕业设计课题，一般涉及软件或基于硬件的驱动软件等方面，例如，基于硬件设备的软件驱动的设计、管理信息系统、计算机网络的通信协议等。

在电子方向与信息方向上有时不存在明显的区别，很多课题均涉及两方面的研究内容。

5.3 电子科学与技术专业毕业设计(论文)示例

下面以毕业设计(论文)课题“基于 51 单片机的无线温度采集系统设计”为示例，介绍该专业毕业设计(论文)的撰写(注：该论文含原论文主体结构，非原论文全部)。

基于 51 单片机的无线温度采集系统设计

摘 要

51 单片机具有按位操作的特点，价格低廉，编程简便，有很好的可操作性，选用 51 单片机可以达到简化系统结构的目的。本文硬件部分采用单片机最小系统作为整个系统的控制核心，用 LM35 感测到的温度数据由 AT89C51 单片机读取并通过无线通信芯片 NRF905 进行传输。软件部分则采用 C 语言编程方式来实现温度采集功能。该设计在数据通信方面选择了无线通信技术，这样可以解决由于地形、通信距离等因素带来的一系列问题，如布线检修成本及干扰等。

关键词： AT89C51　无线通信　温度采集　设计

Design of Wireless Temperature Acquisition System Based on 51 MCU

Abstract

51 MCU has the characteristics of the bitwise operation, its price is low and programming is simple, it has a good operability. In this paper, the hardware part adopts MCU minimum system as the control core of the whole system. Using LM35 chip to collect the temperature information, this information read by AT89C51 and transmitted through NRF905. I adopt the way of C language programming to realize the function of the temperature acquisition in software part. This design choices wireless communication technology in data communication, because it can solve a series of problems brought by many factors, such as topography and communication distance. For example, the wiring and maintenance cost, the interference and other problems will be solved by this way.

Key Words: AT89C51; wireless; temperature gathering; design

目　录

III

1. 绪论

1.1 研究背景

如今伴随着微处理器技术的不断更新、完善和发展，在不同的行业中，尤其是在工业生产方面，数据采集系统都是必不可少的。在生产中，由数据采集所产生的大量时间上的消耗要求人们在追求采集速度的同时，还要保证信息的准确性。

能够准确采集温度信息的研究不仅在现代工业中同时在人们的生活起居中有着相当重要的意义。要想测量得更准确就要有相对优质的传感器。为了实现大范围的温度采集，传感器数量就要更为庞大。大量的传感器会使数据电缆增多，这样由于布线的复杂会导致工作量增大，同时电缆过多也易导致整个电路发生断路和短路，而且电缆一般由铜丝制成，大量的铜价格昂贵，易腐蚀老化，不利于系统的调试和维护。于是在本设计中无线通信技术被用在了温度采集的方面。

1.2 温度测量技术的概况

如今，一项以能够准确采集温度信息为目的的技术正在不断地完善与发展。无论是什么样的温度采集技术[1]，一个精确的测量温度的仪器必不可少。

目前有以下几种测量方法。

(1)利用热胀冷缩原理。

(2)利用热电效应的方法。

(3)利用晶体管测温器件的方法。

1

(4)光纤温度检测技术[2]。

(5)激光温度检测技术。

1.3 本文主要工作

本课题所设计的是以实现温度的采集以及无线传输采集到的信息为目的，结构主要分为硬件和软件设计两部分。

系统硬件选择 51MCU(单片机)为中心芯片，这里选用的 MCU 是 AT89C51，并选择 LM35DZ 芯片实现温度采集功能。软件部分主要是温度采集的程序设计，最后将采集和处理过的温度信号由 LCD 数码管显示出来。

2. 系统设计方案

2.1 系统总体设计

图 2.1 为本设计的系统框图。其通信节点包括以下三个。

(1) 实现温度采集的节点。

(2) 实现主机控制的节点。

(3) PC 节点：决定计算机通信方式，提供软件设计平台使测得的温度数据完成其他方面的应用。

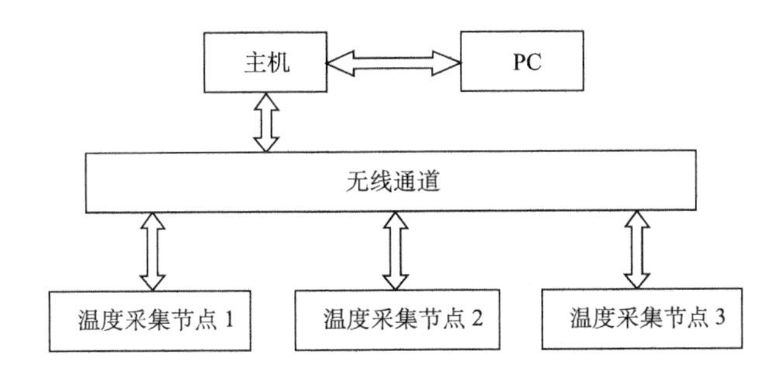

图 2.1　温度采集无线通信系统设计总体框图

本系统首先要能够正确地采集到现场的温度信息，然后要对它们进行初步的处理：完成在一定频率上的装载，并通过无线传播，能够在最后完成数据的显示和存储。于是整个系统能够被分割为以下几部分。

(1) 温度采集功能系统。

(2) 无线通信功能系统。

(3) 系统控制功能系统。

(4) 数据处理功能系统。

3

2.2 总体方案流程图

图 2.2 为系统结构框图。

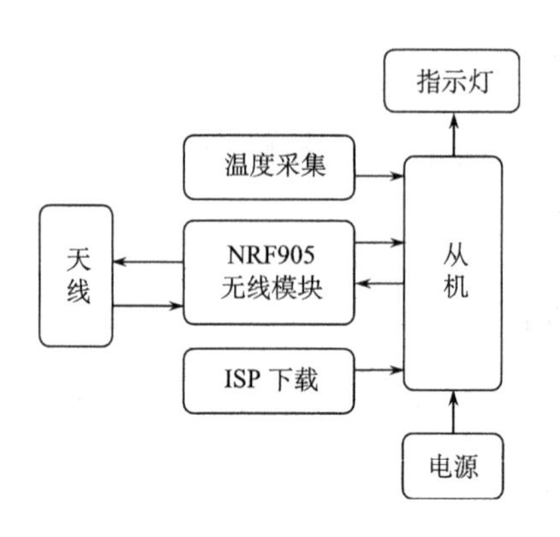

图 2.2 无线通信温度采集系统结构框图

该系统中选用 AT89C51 单片机，其被用来作为系统的心脏。

在从机中：AT89C51 控制整个信息采集和无线通信。

在主机中：AT89C51 单片机控制串口通信。最终两片单片机共同完成并实现温度的采集工作和显示工作。

3. 硬件设计

该系统的核心控制为单片机最小系统构成。通过单片机读取并传输温度感测的数据，同时系统又可分为电源部分、温度采集及显示部分、数据传输部分和存储电路部分。

3.1 系统原理图设计

3.1.1 主机原理图设计

系统主机主要目的是实现通信的控制和温度数据的收发与处理，原理图如附录一中的图 2 所示。其中包括以下几部分。

(1) 控制部分：选用 AT89C51 芯片。

(2) 电源部分：主要用三端稳压器[3]组成线性电源，提供 DC3.3V 与 DC5V 电压。

(3) 通信部分：分为两个部分即无线通信部分和单片机与计算之间的串口通信部分。串口通信部分的目的是实现单片机与上位机(上位机可以为单片机提供更强大的数据库管理和人机界面设计空间)的信息交互。

(4) 显示部分： LCD1602 显示。

(5) 声音部分：选用蜂鸣器来发出简单的声音。

(6) 提示部分：提示部分为 3 个发光二极管，作用是指示通信状态和操作。

3.1.2 从机原理图设计

该系统的从机控制温度采集模块和无线模块。同时它控制无线收发和对主机命令的响应。原理图见附录一中的图 3。它包括以下几部分。

(1)控制部分：选用 AT89C51 芯片。

(2)声音部分：选用蜂鸣器来发出简单的声音。

(3)无线通信部分：NRF905 被用于无线传输数据。

(4)指示部分：选用 LED 指示数据通信的状况。

(5)数据采集部分：选用电压型温度传感器[4,5]LM35DZ 芯片。

(6)电源部分：使用+5V 电源供电给单片机。采用 3.3V 稳压芯片为 NRF905 供电。

(7)下载部分：预留串口。

3.2 主机系统模块介绍

3.2.1 单片机最小系统

单片机最小系统如图 3.1 所示，AT89C51 的 31 号引脚接+5V 高电平。

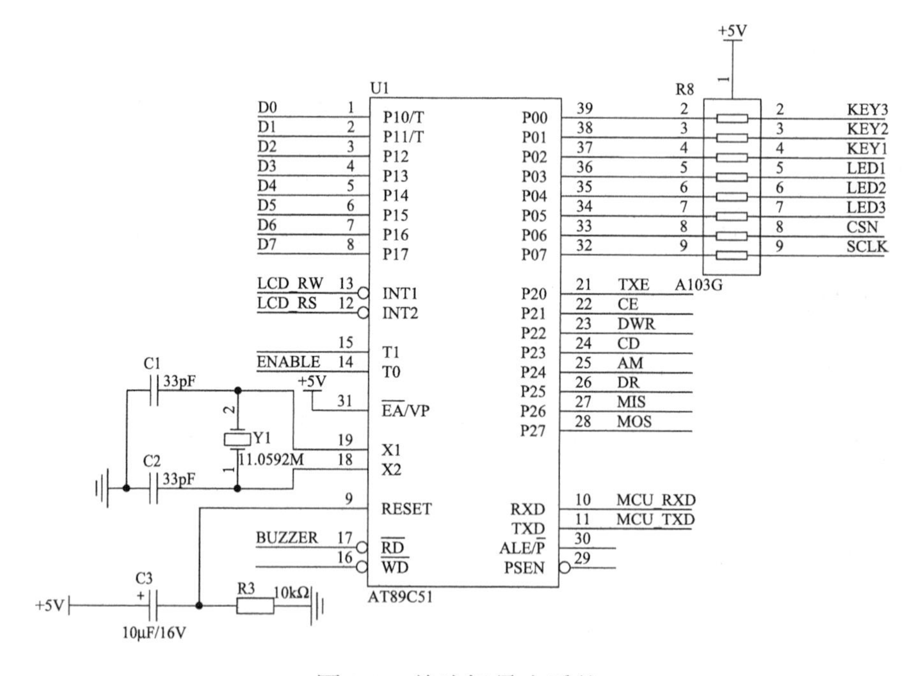

图 3.1 单片机最小系统

单片机以 DIP40(40 个引脚的形式)封装。由引脚功能表得知 32 号引脚到 39 号引脚接上拉电阻，作为 I/O 口使用。本设计选用排阻 A103G，其阻值为 10kΩ。

3.2.2　显示部分

该部分选用 LCD1602 字符液晶屏[6]。其作用是显示信息以及主机的状态。LCD1602 字符液晶屏可以显示 16×2 的字符。该设计选用模拟 I/O 接口连接单片机。

……

3.2.3　通信部分

该设计选用 MAX232 芯片(美信公司)。

模块有三个部分：

(1)MAX232 用 DB9 接口与计算机连接。

(2)D4 和 D5 为信号指示灯。R10 和 R11 这类电阻对于整个模块具有限流的作用。

(3)MAX232 为信号转换芯片[7]。

……

3.2.4　无线通信部分

在本设计中选用 NRF905 芯片。波段采用 ISM[8] (industrial scientific medical) 免费波段。

……

3.3　从机系统模块介绍

3.3.1　单片机最小系统

本设计选用 AT89C51 单片机。

7

I/O 口与主机一样接 10kΩ 上拉电阻。预留串口，扩展后续功能和下载。

……

3.3.2 通信指示灯部分

本设计选用直径为3mm的LED。由于51系列单片机输出电流很小，要外接+5V 电压。这样使图 3.5 中 R19 两端得到 3V 多的电势差，LED 便能得到足够的电流发光。而且因为LED指示灯成本低，利于节约成本。

……

3.3.3 模数转换部分

本设计选用图 3.7 所示的逐次逼近型芯片来完成模数转换。该芯片可以完成模拟信号在 0～5V 之间的转换，而 LM35DZ 芯片[9]产生的信号大小在其范围内，故满足条件。该芯片具有以下特点。

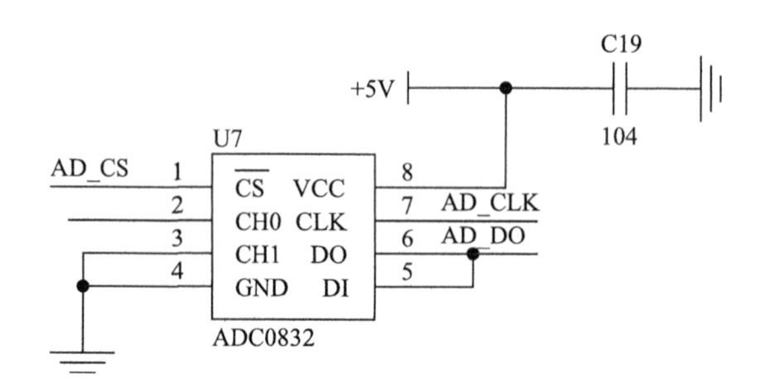

图 3.7 模数转换部分

(1) 8 位分辨率；

(2) 为双通道 A/D 转换芯片[10,11]；

(3) 此种芯片所输入以及输出的电平能够与 CMOS/ TTL 兼容匹配；

(4) 5V 供电则输入电压 0～5V；

(5) 多种封装形式；

8

(6) 工作时一般功耗仅为 15mW；

(7) 商务级芯片工作温度为 0～+70℃，工业级芯片工作温度为–40～+85℃。

逐次逼近型模数转换器 ADC0832[12]占用资源少，工作时只需要 3 个 I/O 口。因为时分复用，图 3.7 中 5 号引脚和 6 号引脚可以接在一起。参考电压和电源电压统一为+5V。C19 为 0.1μF 的去耦电容[13]。

3.3.4 温度采集部分

这里选用如图 3.8 所示的芯片完成感测的功能。环境中的温度信号由此芯片转化为电压信号。

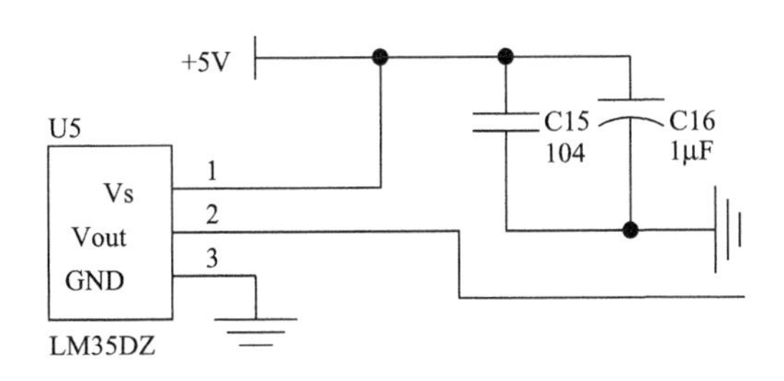

图 3.8 温度采集部分

3.3.5 信号处理部分

图 3.9 为信号放大电路。在信号处理部分，本设计还运用了同相比例放大电路，LM358 芯片为其中的集成运放。LM358 为双电源+5V 供电。C17 和 C18 为去耦电容，电容为 0.1μF。图中 R17 为一种可变电阻，阻值为 10kΩ。传感器采集到的信号通过该电路被放大后便于处理，同时实现阻抗匹配。它相当于一个射极跟随器[14]，能对 LM358 产生的温度信号放大和造成有效的隔离。

9

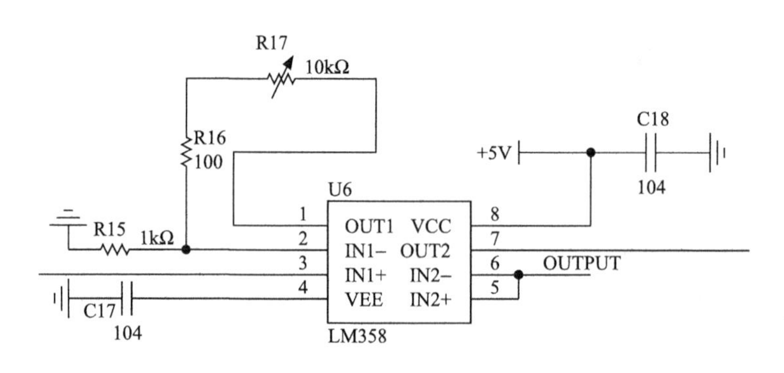

图 3.9　信号放大电路

3.3.6　电源供电部分

电源是系统的基础。本文设计的系统采用的是线性电源供电。利用指定芯片为系统提供 5V 的直流电。系统所需要的稳压电源按要求是 3.3V。它由指定芯片稳压。多个电容组成电源滤波部分，它们可以有效滤除供电网络的高频和低频等噪声干扰[15,16]。由于电路中没有大功率负载，LM7805 最大输出为 500mA，AMS117-33[17]最大输出为 1A，因此满足系统设计要求。

……

10

4. 软件设计

软件部分主要是温度采集的程序设计，最后将采集和处理过的温度信号由 LCD 数码管显示出来。这里使用 C 语言编程，这样的软件设计所得结果是通过编辑各个模块的功能函数最后综合来实现其功能。

4.1 系统整体设计框架

通过模块化的思想简化编程，即独立编程系统中的各功能模块，便于在主程序的调用。为完成整个系统的功能，程序模块可分为：

(1) 初始化程序。

(2) 温度采集程序。

(3) 信号处理显示程序。

(4) 收发程序。

(5) 串口通信程序。

(6) 上位机的应用程序。

系统一上电，首先要做的是初始化所有芯片：设定温度采集精度并通知 LCD1602 显示模块和无线模块做好工作的准备。温度采集到的信号要打包交给无线收发程序进行接收和发送，然后由拆包程序拆包即其根据通信协议将数据包进行处理，最后得到拆包后的数据，并通过检验 CRC 字节来验证准确性，接着调用串口通信程序将其发送给计算机，最后通过上位机进行分析和处理。

……

11

4.2　主程序模块

主程序用于初始化系统的各部分，以及程序调用。主程序流程图如图 4.2 所示。

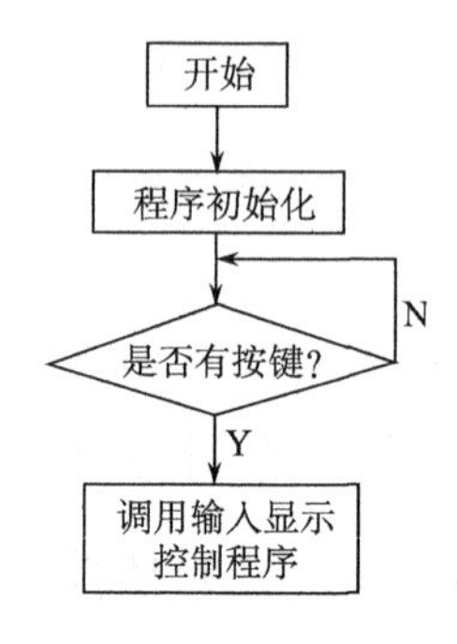

图 4.2　主程序流程图

4.3　温度采集模块

4.3.1　主机处理功能流程图

……

4.3.2　温度采集主机控制程序

```
void main()
……
{
/*-------------------------------按键扫描------------------------------*/
        if(!key4)
          {
                Delay(10);
                if(!key4)
                  {
                        while(!key4);
                        key4_flag=1;
                        Led4=0;
                        Led5=1;
```

12

```
                Led6=1;
            }
        }
    ……
```

4.3.3　从机数据采集流程图

……

4.3.4　从机无线温度采集程序

```
    void main()
    ……
/*---------------------------------主循环-------------------------------*/
while(1)
{
/*------------------------------等待 NRF905 接收---------------------------*/
    if(DR)                                         //若接收到数据
        {
          RxPacket();                               //接收数据包
        }
/*--------------------------------接收主机命令----------------------------*/
      if(RxBuf[0]==0xaa)
        {
                temp1=ADC0832(CH0);       //温度数据采集-通道 0
                nop_();
                _nop_();
                _nop_();
                _nop_();
                temp1=Te_deal(temp1);
                _nop_();
                _nop_();
                _nop_();
                _nop_();
    ……
```

13

4.4 无线通信模块

4.4.1 NRF905 发送程序流程

……

4.4.2 NRF905 发送程序

1. 配置 NRF905 寄存器

```
void Config905(void)
{
    unsigned char i;
    CSN=0;
    SpiWrite(WC);
    for(i=0;i<RxTxConf.n;i++)
    {
        SpiWrite(RxTxConf.buf[i]);
    }
    CSN=1;
}
```

2. 写字节到 SPI 总线

函数名称：void SpiWrite(unsigned char byte)

输入参数：unsigned char byte 写入数据

```
void SpiWrite(unsigned char byte)
{
    unsigned char i;
    DATA_BUF=byte;
    for(i=0;i<8;i++)
    {
        if(high_bit)
            MOSI=1;
        else
            MOSI=0;
```

14

```
            SCK=1;
            DATA_BUF=DATA_BUF<<1;
            SCK=0;
        }
    }
```

3. SPI 读总线数据

函数名称：unsigned char SpiRead(void)

输入参数：无

返回参数：unsigned char DATA_BUF 读取数据

```
unsigned char SpiRead(void)
{
    unsigned char i;
    for(i=0;i<8;i++)                              //SPI 总线循环
……
```

4. NRF905 发送数据包

函数名称：void TxPacket(void)

函数功能：NRF905 发送数据包

……

5. 设置发送模式

```
void SetTxMode(void)
{
    TX_EN=1;
    TRX_CE=0;
    Delay(1);                           //等待模式变换时间>=650µs
}
```

4.4.3 NRF905 接收程序流程

……

15

4.4.4 NRF905 接收程序

1. 配置 NRF905 寄存器

函数名称：void Config905(void)

函数功能：配置 NRF905 寄存器

2. 写字节到 SPI 总线

函数名称：void SpiWrite(unsigned char byte)

输入参数：unsigned char byte 写入数据

3. SPI 读总线数据

函数名称：unsigned char SpiRead(void)

返回参数：unsigned char DATA_BUF 读取数据

以上程序与 4.4.3 节 NRF905 发送程序相符。

函数功能：NRF905 接收数据包

```
void RxPacket(void)
{
    unsigned char i;
    TRX_CE=0;                          //设置 standby 模式
    CSN=0;                             //SPI 使能
    SpiWrite(RRP)                      //写 TX 有效数据命令
    for(i=0;i<32;i++)
    {
        RxBuf[i]=SpiRead();            //读数据到数据缓冲区
    }
    CSN=1;                             //SPI 禁能
    while(DR||AM);
    TRX_CE=1;
}
```

16

4. 设置接收模式

```
void SetRxMode(void)
{
    TX_EN=0;
    TRX_CE=1;
    Delay(1);                              //等待模式变换时间>=650μs
}
```

17

5. 系统调试

对实验室里提供的实物进行调试，先进行硬件调试，再进行软件调试，根据调试的过程中出现的问题，不断地完善系统设计，以满足系统设计要求。

……

实物测试结果如表 5.1 所示。

表 5.1　测试结果记录表

型号	E.v1	E.v2	E.v3	E.v4	E.v5
实验电路/℃	4.5	13.2	32.6	54.8	78.9
SHWD-T486 型/℃	4.50	13.22	32.60	54.71	78.83
相对测量精度/%	0	0.15	0	0.165	0.089

经过测量实践，将所得到的最后结果与标准数据(标准温度计测得的数据为标准数据)进行对比，得到了令人较为满意的结果。由公式：测量精度=(实测数据–标准测量数据)/标准测量数据，计算可知，在 5 种不同的环境温度下相对测量精度不超过 0.2%，再加上实验电路的精确度为 0.1 与标准数据本身就存在精度的不足，所得到的误差在可以承受的范围内。本次实践可知实验电路所得到的结果精确程度良好。故这里所设计的系统表现优异，设计较为成功。

18

结语

通过本次的毕业设计我获益良多。开始构建整个系统时，我们必须先学会分析。在写设计方案的时候，首先要认识到所要设计的系统的整个框架，应该具备什么样的功能。只有在了解并分析清楚了一个完整的温度采集系统的构成后才有可能在最后得到设计结果。在本次设计中，我查找了非常多的资料，了解了目前一些常用芯片的原理和功能。我认为本系统可以分为两大块：

(1) 温度数据采集与发送。

(2) 温度数据的接收及处理。

此次毕业设计是一个系统。能够支持整个系统运作的芯片是其组成部分。它们由系统的心脏——单片机统一管理。

当然在本次设计中，在最后温度采集中，还有存在误差的可能。原因分析如下：

(1) 系统的抗干扰性有待加强。若是通过增加节点的方式来提高抗干扰性不是很理想，会产生大量的功能损耗。

(2) 运放产生误差。调零必须牢记。

(3) 模数转换器带来的影响。例如，注意参考电压的调节和为了避免干扰而接地。

(4) 其他因素带来误差和干扰。

19

参考文献

[1] 张海滨, 郑维智. 短距离无线通信在控制中的应用[J]. 微计算机信息, 2004 (11): 32-34.

[2] 涂巧玲, 刘小康. 短距离无线测控系统及其应用[J]. 电子技术, 2004, 31(5): 16-18.

[3] 方旭明, 何蓉. 短距离无线与移动通信网络[M]. 北京: 人民邮电出版社, 2004.

[4] 牛伟, 郭世泽, 吴志军. 无线局域网[M]. 北京: 人民邮电出版社, 2003.

[5] 陈平, 陈彦. 基于蓝牙技术的温度数据采集系统[J]. 仪表技术与传感器, 2005(11): 40-42.

[6] 于小雄. 基于短距离无线通信的建筑照明节电控制系统设计与实现[J]. 电子技术, 2009(7): 24-26.

[7] 黄贤武. 传感器原理与应用[M]. 成都: 电子科技大学出版社, 2006.

[8] 赏星耀. 射频芯片 nRF905 在无线测温系统中的应用[J]. 机电工程, 2005, 22(10): 42-44.

[9] 侯海岭, 姚年春. 无线收发芯片 nRF905 的原理及其在单片机系统中的应用[J]. 仪器仪表用户, 2006(3): 70-71.

[10] 蔡型, 张思全. 短距离无线通信技术综述[J]. 现代电子技术, 2004, 27(3): 65-67.

[11] 伍湘彬. 数字通信技术与应用[M]. 成都: 电子科技大学出版社, 2000.

[12] 杨子文. 单片机原理及应用[M]. 西安: 西安电子科技大学出版社, 2006.

[13] 肖志勇, 杨小玲, 李光泉. 基于 nRF905 芯片的无线传输设计与实现[J]. 计算机与现代化, 2005(9): 121-123.

[14] 赵继文. 传感器与应用电路设计[M]. 北京: 科学出版社, 2002.

[15] 黄智伟. 无线数字收发电路设计[M]. 北京: 电子工业出版社, 2003.

[16] 郝妍娜, 洪志良. 基于 MCU 和 NRF905 的低功耗远距离无线传输系统[J]. 电子技术应用, 2007(8): 44-47.

[17] LANGELAND G. Low- Cost Transceiver NRF401 in Wireless Design[J]. 世界电子元器件, 2002, 84(5): 31-35.

附录

附录一

……

附录二

……

21

致谢

此次的毕业设计，我经过了将近一个学期的努力。在毕业设计期间，我付出了相当多的时间与精力。刚拿到题目时，我几乎是一筹莫展，后来在老师的提点下，构建了整个系统的框架后，情况就好了很多，但是仍有时会感到很枯燥和茫然，因为会时不时地遇到层出不穷的问题，但到最后都解决了。此次毕业设计的圆满完成离不开大家的帮助。

首先，在这里我要对指导老师表示感谢。正是有了老师的点拨，我的设计才顺利完成。他从设计一开始的选题、搜集资料到后来的调试修改方面都给了我极大的帮助。

其次，我也要感谢我们宿舍所有舍友的帮助。当我遇到困难时，特别是一些小问题，我都会和同学们一起讨论并解决。因为每个人都有自己的想法，通过讨论，有时候总是想不通的问题也会豁然开朗。

最后，我要感谢在百忙中挤出时间来参与此次毕业设计的老师们。

第 6 章　光电信息科学与工程专业指导示例

6.1　光电信息科学与工程专业简介

1. 专业培养目标

该专业培养适应社会主义现代化建设和信息产业发展需要，在德智体诸方面全面发展，具有良好的科学文化素质和创新能力，具备光电信息科学与工程技术领域内宽厚理论基础、实验与工程能力和专业知识，能在太阳能电池、光伏发电与控制技术、光电子学、光电信息工程、光纤通信及传感器、固态照明与信息显示技术、光电系统集成及相关的电子信息科学、计算机科学等领域从事科学研究、教学、产品设计、生产技术和管理工作的光电信息科学与工程技术高级专门人才。

2. 专业主要课程

光电信息科学与工程专业的主要课程包括电路分析基础、模拟电子技术、数字电子技术、信号与系统、信息光学基础、物理光学与应用光学、光电子学、半导体物理与器件、光伏发电与控制、微机原理与接口技术、光传输原理、光电子器件、光辐射与测量、光电检测技术、光存储技术、传感器技术、光电显示技术等。

3. 专业就业方向

光电信息产业是 21 世纪最具魅力的朝阳产业，它将成为 21 世纪的高科技主导产业。学生毕业后能在太阳能、光伏发电与控制技术、光电信息工程与技术、光通信工程与技术、光电信号检测与处理、光电子技术、控制技术及光电系统集成等领域从事研究、设计、开发、应用和管理等工作。

6.2　光电信息科学与工程专业毕业设计(论文)选题

光电信息科学与工程专业毕业设计(论文)的选题主要涉及以下技术领域。

(1) 信息光学技术。主要研究光信息的产生、传输、处理及图像显示技术。它包括光信息及图像处理技术、图像及模式自动识别技术、全息技术、自适应光学技术、光传输及通信技术、光学遥感技术、目标及传输特征数据库、光计算技术等。

(2) 光学技术及工程。主要研究光能应用、光加工及有关工程。它包括光武器工程，激光加工(工业)，激光核聚变，照明工程，光学材料、薄膜、工艺、特殊光器件，光刻技术(用于微电子技术)，微机械中的微光学技术。

(3)光电交叉学科。主要研究光与物质的作用、新型光电材料、生物医学光学、视光学、能量学科与光电学科的交叉、环境学科与光电学科的交叉、海洋学科与光电学科的交叉等。

(4)光学/光电仪器。它作为视觉功能的延伸(图像视觉的延伸)的工具。它包括光学/光电仪器的结构设计、光学镜头与系统设计及其工艺等；各种专用光学仪器，如军用光学仪器、测量光学仪器、天文光学仪器、物理光学仪器等。

(5)光子学技术。它是指利用光子原理或光电相互作用原理的器件，包括各种激光器、光电器件及红外探测器、光电成像器件、红外与夜视技术、超高速摄影、光阀、发光光源、短波及X射线光学等。

6.3 光电信息科学与工程专业毕业设计(论文)示例

下面以毕业设计(论文)课题“基于光散射模型的图像去雾算法研究”为示例，介绍该专业毕业设计(论文)的撰写(注：该论文含原论文主体结构，非原论文全部)。

基于光散射模型的图像去雾算法研究

摘　要

随着工业的不断发展，生产过程中会有很多的废弃物排放到空气中，造成了严重的雾霾天气，在这种天气下获得的图像，会有一些不清晰的情况，还可能出现颜色失真等一些图像的退化现象，这些问题都会对所拍摄的图像效果和观测的现象产生影响。要使图像质量有所提高，即解决成像不清晰的问题，对雾霾天气下的图像处理的要求将更加严格。

本课题详细提议出两种图像去雾算法，第一种也是最基本的一种方法是直方图均衡化算法，第二种是优于第一种方法的暗原色先验算法，最后简要对光照分离算法进行介绍。该设计应用 MATLAB 软件对得到的模糊图像进行一定的处理，并分别对两种去雾算法的去雾情况进行详细的分析及优劣的比较。

关键词：图像去雾　MATLAB　均衡化算法　暗原色先验算法

I

Algorithm of Image Dehazing Based on Modeling of Light Scattering

Abstract

With the development of the industry, the production process will be a lot of waste discharged into the air, causing severe haze weather images obtained in this weather, there will be some of the case is not clear, may also appear color distortion in some image degradation phenomenon, these problems will affect the image effect observation and shooting phenomenon. The image quality is improved, that is to solve the problem of imaging is not clear, the mist weather image processing requirements will be more stringent.

This article puts forward two kinds of image defogging algorithm, the first method is the histogram equalization algorithm, the second kind is the dark channel prior to illumination algorithm, and a brief separation algorithm was introduced. The design of the fuzzy image obtained a certain processing by using MATLAB software, and the results of the two methods the treatment results were compared and analyzed.

Key Words: image fogging; MATLAB; equalization algorithm; dark first method

III

目　录

IV

1. 引言

1.1 课题研究背景和意义

当今社会不断发展的同时，雾霾现象也日益严重，我国不仅出现大雾天气的时间变长，受雾霾影响的范围也由北方不断扩展，南方如今也经常出现大雾天气。产业出产的成长以及人口的高度密集必然会排放出大量的细颗粒物，紧接着又有 PM2.5 浓度的不断上升，大气将无法正常地在地球上循环和承受人类造成的伤害，极易出现大规模的雾霾。雾天不仅严重影响了人们的出行，也影响了航空、海运等交通的安全，同时，各种监测系统的正常工作将会受到影响。

雾天条件下，我们所观察到的景物的图像或者进行的视频的拍摄，由于外在环境即大气中存在的一些介质而降质，浑浊杂质的存在造成了光的散射，使得图像模糊不清，造成图像的雾化，从而导致光学传感器不能够获取到所需要的清晰的图像，这一情况基本是由对比度下降及颜色偏移等原因造成的。为了减小由于大气光散射作用而造成的图像退化现象，恢复出无雾环境下的图像，提出利用各种软件编程方法对含雾图像进行处理，提高图像清晰度[1]。

从图 1.1 所示的雾天图像中可以看出，受雾气的影响后，该图像的像质发生了严重的退化，难以对建筑物的特征进行识别或者对其中的某些景物进行观测。为了使拍摄的终极图像越发清晰，对其进行大气去雾很重要。

1

图 1.1　图书馆四楼拍摄

1.2　课题研究现状

在我国，图像处理技术相对来说发展得比较晚，所以到现在为止，可以供给我们参考的资料文献并没有很多，从开始研究到现在，虽然国内外已经在这方面都开展了很多的研究工作，但是其很多研究结论和功效都等待后来人研究得以更加圆满和深入。不过可以肯定，与国内相比较而言，国外在去雾问题上的研究要比我们早一大截，功效也较为显著，但是，与实际所需要的研究目标仍然存在很大差距[2]。

图像去雾算法的开展和研究是一个比较漫长的过程，经历了一次次的实验与改进，目前进行图像处理的主要方法有基于本相与基于非本相两个目标，即图像增强和图像复原两个手段。其中，进行图像增强的方式有光照分离算法和直方图均衡化算法等，图像复原有暗原色先验算法等。每种算法的实用场合、对象以及去雾的功效都有很多差异，经过一系列的比较研究还有改善提升后才能找到不同情况下相对较好的去雾算法[3]。

2

本课题的设计过程中较详细地提出了两种去雾算法，分别是属于图像增强的直方图均衡化算法和属于图像复原的暗原色先验算法。其中，直方图均衡化算法相对来说是比较基本的方法，可以作为暗原色先验算法的参照方法[4]。

1.3 本文的章节安排

(1) 第 1 章是引言，介绍图像去雾探索研究的概况、近况以及可以用于图像去雾的算法原理等；

(2) 第 2 章包括实现图像去雾的软件介绍，并且对三种去雾算法进行介绍；

(3) 第 3 章主要进行直方图均衡化算法的介绍；

(4) 第 4 章主要对暗原色先验算法进行介绍；

(5) 第 5 章是对此次课题的总结和图像处理方法的展望。

2. 图像去雾算法

2.1 MATLAB 软件

2.1.1 软件介绍

MATLAB(是矩阵实验室的简称)是一款商业数学软件，产生于 20 世纪 70 年代，由 MATLAB 进行开拓的环境、MATLAB 特别的编程语言、数学函数库、应用程序接口和图形处理系统五部分构成。其包含数据结构，控制语句，函数和输入、输出对象编程特点，使用 MATLAB 软件[5]可更快地解决科学计算问题。其最根本的数据单元是矩阵，换句话说矩阵是 MATLAB 的重中之重。MATLAB 有着矩阵运算、绘制函数和实现算法等多方面的运用，具有数据可视化(将向量和矩阵以图形形式表现出来)、数据分析、数值计算、算法开发等多种功能，是一种高级计算语言。它提供元包数据类型以支持将多个数据结构包含于一个数组的功能。固然其多运用于针对数值方面的计算，但在图像的各种处理、金融建模探究等范畴也有着广泛的运用。此外还有相应的 Simulink。Simulink 结合了交互仿真能力和框图界面，为其提供可视化开发环境，此方面多用于系统模拟和嵌入式开发等[6]。

……

2.1.2 系统构成

图像处理编程软件 MATLAB 主要包括主包、Simulink 和工具箱三大部分。

……

4

2.2 两种去雾算法

依照前面的引言部分中曾经提及的，图像去雾思维方式在本源上就可以分为两类：图像增强和图像复原[11]。每一类方法又可再次分出不同的子方法，图 2.2 中详细介绍了图像去雾算法的分类。

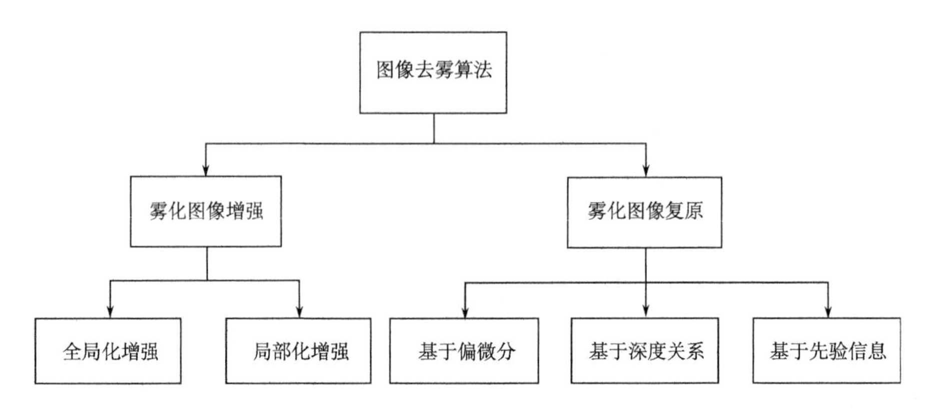

图 2.2　图像去雾算法分类

图 2.2 提供的两类方法是通过不同的思想原理实现图像去雾的，所以它们达到的去雾效果和适用情况也不同，在实现去雾目标的同时又都有一定的不足。

图像增强：凭借不同图像之间的差异选取简单的方式或者措施来改善。可以将这些方式分为空间域法、频率域法[12]两类。空间域的图像处理大体有点处理和模块处理。频率域的图像处理大体上包括高、低通滤波与同态滤波等。

图像复原：这是一个求逆的行程方向，逆问题常存在多解，甚至可能最终无解。

图像增强这一思想可以有效地加强雾化图像之间的比拟效果，凸显细节，纠正其应有的视觉效果，但可能会有些许的有用信息的丢失。图像复原的方法是一种反演退化的过程，针对性较强，同时基本不会出现图像信息丢失的情况，但是这种模型[13]的建立比较困难，参数估计也较易出错。

2.2.1 直方图均衡化算法

直方图均衡化算法属于图像增强去雾处理的一种，是根据不同图像的特点选取简单的方法或者措施来改善图像的朦胧状态。这是一种全局操作控制，可以将其中像素较多的灰度值进行展宽，同时将少的值进行归并，从而使得图像得到增强，实现清晰化的目标。虽然操作比较简单而且可逆，但是这种算法仅能进行近物增强，并且原图经过处理即均衡化后，其部分细节可能会泯灭，对比度尽管得到了一定的加强，但是效果并不自然。

……

2.2.2 光照分离算法

光照分离算法属于进行雾图增强技术处理中的一种很有效用的方法，自大气退化模子出发是该算法的特性，通过自适应分块和中值滤波，得到的光照分离滤波后的图像会有些许方面的细化。这个方法从图像的加强角度出发，当对由于雾霾而造成的降质行程进行适应性物理建模时，并不能对颜色空间校正机制进行正常的引入，去雾后的图像失去了原先丰富的色彩[14]。

6

3. 直方图均衡化去雾算法

3.1 算法概述

算法原理：借用直方图可对图像的像素灰度分布情况进行描述，对灰度直方图实施直接的变动，可使图像中含有的有用数据消息变多，改正其画面效果。灰度值的像素占有的个数比例越多，对画面就有越大的陶染，当然，若这个比例足够小，则影响就可疏忽不计。该算法对像素个数多的灰度值实施了一定的扩展，将像素个数少的灰度值进行了归并，可加强图像效果，使图像清晰。

算法模型：当处理一个含雾的图像时，r 值表现的是被加强图像的灰度、s 表示图像改变后获得的灰度。为了使图像的处理更加简便易操作，接下来，假定一切像素的灰度都已被归一化，也就是说，当 $r=s=0$ 时，体现的是玄色部分；当 $r=s=1$ 时，表现为白色区域；且变换函数 $T(r)$ 与原图像的概率密度函数（用 $P(r)$ 表示）之间的关系为 $s=T(r)=\int P(r)\mathrm{d}r\ (0\leqslant r\leqslant 1)$，该式表现的是原图灰度 r 的累积分布函数，这是一个关于 r 的累积分布函数，自变量 r 的范围只是简单的从 0 一味地上升到 1，所以该函数可用积分的逆变换——求导，故在定义域内变动后，就概率密度而言，图像灰度 s 是平均分散的，即灰度级较为匀称地分布，也可对像素取值的可移动范畴实施恰当的扩充，当含雾图像要处置的灰度级为离散值时，可以借其频数近似体现出概率值，即

$$\Pr(r_k)=\frac{N_k}{n},\quad 0<r_k<1,\quad k=0,1,2,\cdots,L-1 \tag{2.1}$$

7

式中，L 为灰度级的个数；$\Pr(r_k)$ 为取第 k 级灰度值时的概率；N_k 为第 k 级灰度在雾图中呈现出来的次数；n 为图像中像素个数[8]。

3.2 算法步骤

(1) 可以先注明：原图像为 I，改变后的图像的灰度级为 $j=0,1,\cdots,L-1$ (L 为灰度级的个数)；

(2) 像素个数 n_i 的值应对原图的灰度级进行统计；

(3) 可以在此推进，推理出原始图像的直方图：$P(i)=\frac{n_i}{N}$，其中 N 为原图像素总个数；

(4) 计算出累积直方图：$P_i=\sum_{k=0}^{j}P(k)$；

(5) 再借用灰度改变函数计算出改变后的灰度值，四舍五入得到 $j=\mathrm{INT}[(L-1)P_i+0.5]$；

(6) 确定灰度的改变对应关系 $i\to j$，据此可将原图的灰度值 $f(m,n)=i$ 矫正为 $g(m,n)=j$；

(7) 综合考虑灰度改变后各级的像素个数 n_j；

(8) 最后得出改变后图像的直方图：$p(j)=n_j/N$。

程序处理过程如下。

(1) 提前进行处理，将读入的有色图像实施灰度化。

```
Picture= imread('1.jpg');
figure;
subplot(2, 2, 1);
imshow(Picture);
title('原图');
```

8

```
Picture=rgb2gray(Picture);
```

(2) 绘制直方图。

```
[m,n] = size(Picture);
GP = zeros(1,256);
for k = 0:255
        GP(k+1) = length(find(Picture==k))/(m*n);
end
subplot(2, 2, 2);
bar(0:255, GP, 'g');
title('原图像直方图')
xlabel('灰度值');
ylabel('出现概率')
```

(3) 直方图均衡化。

```
S1 = zeros(1,256);
for j= 1:256
……
```

3.3 灰度级差值对去雾的影响

处理前的原图如图 3.2 所示。

图 3.2 原图

9

……

处理后的图像如图 3.5 所示。

图 3.5　处理后的图像

改变程序中的灰度值 s_k 所归入的灰度级，其差值将会影响图像去雾的效果。前面处理过的均衡化后的图像是在差值为 0.5 的情况下，变动差值为 10 时，经过程序处理，均衡化后的直方图如图 3.6 所示。

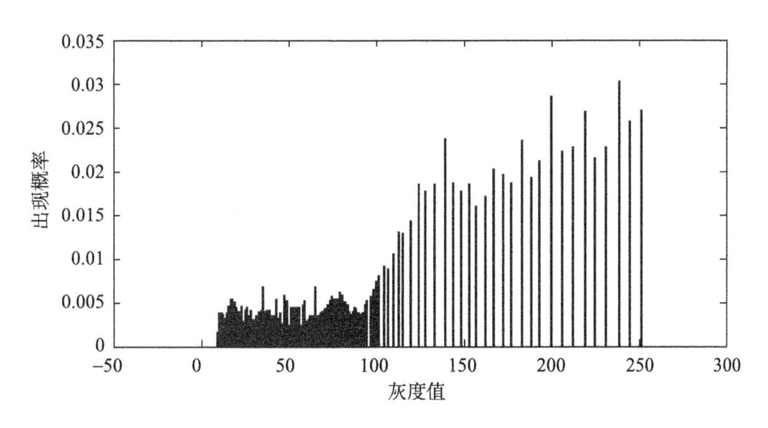

图 3.6　均衡化后的直方图

均衡化后的图像如图 3.7 所示。

图 3.7 均衡化后的图像

由图 3.7 可知，当灰度级与原灰度值越接近时，该算法的去雾功效越好，但与之对应的均衡化后的图像会显得越暗，反之，差距越大，去雾效用虽会越差，但图像颜色却会更亮。同时，改变差值为 10，均衡化后，出现概率的灰度值之间的差也拉大了，这应该就是去雾效果变差的原因。

将有雾图像的直方图做一些改变，使其能够很匀称地分布，即加大了像素灰度值可以加减的范围，从而使雾天图像的全部对比度得到加强。这种算法比较易于操作，且对单景深图像的恢复效果也较好，然而较难反映出景深多变情况下图像中的小部分景深的变动[15]。

4. 光照分离去雾算法

4.1 算法概述

4.1.1 算法介绍

不出意外的情况下，图像 $I(x,y)$可能借助两个分量，即光照 $L(x,y)$和反射 $R(x,y)$表示，这两项相乘可计算出 I 的值，其中，L（光照分量）取决于照射源，R（反射分量）由各个物体本身的内在稳定属性（如物体的体表反射系数和表面法线等）所决定。因此，光照预处理的问题便可能转变为关于给定的图像 I 来处理 R 的问题。

采用同态滤波的方式，对两个分量 L 和 R 进行评估可以通过求解出图像 I 的平滑度来进行，从而实现光照分离。

4.1.2 同态滤波

光照分量 L 的获取可以在光照分离前采取同态滤波的方式。

这种图像处理的要领方法结合了频率过滤和灰度变换两种思想，同样，照明反射模子也成了频域处理的根本方法，是一种属于图像增强类的图像去雾算法，借用压缩亮度范畴和增强对比度改善待处理图像的质量。

同态滤波的处理针对的是频域，调整的是待处理图像的灰度，在增强图像暗区细节的同时，不对图像的亮区细节造成影响。两个分量（分别为照射分量和反射分量）合成了原图的图像灰度，图像中具体的内容信息是由反射分量反映的，其凭借图像细节的变化而在空间快速变化，在空间范围内，照射分量的变化却是十分缓慢的。因此，在一个频谱当中，

12

照射分量与反射分量也是分开而立的，前者存在于低频，后者存在于高频[16]。

一般情况下的景物图像(用$f(x,y)$表示)，依据这一理论，可以由照明函数$f_i(x,y)$和反射函数$f_r(x,y)$的乘积表示。$f_i(x,y)$体现的是景物的照明，与景物自身无关；$f_r(x,y)$则表明景物的细节方面，而与照明没有太大关系，表达式 $f(x,y)=i(x,y)\cdot r(x,y)$表现出的是仅从照射分量和反射分量两个角度反映出的信息，其中有 $0< r(x,y)<1$，$0< f(x,y)\leqslant i(x,y)<\infty$。

可以通过先取对数再进行傅里叶变换来将照明函数和反射函数分开，处理如下。

(1)对$f(x,y)$取对数，得 $z(x,y)=\ln f(x,y)=\ln i(x,y)+\ln r(x,y)$；

(2)对 $z(x,y)$作傅里叶变换，得 $F[z(x,y)]=F[\ln i(x,y)]+F[\ln r(x,y)]$。

每个图像的特征和需求都有差异，必须选择不同的滤波器作为传递函数 $H(u,v)$，尽量通过处理获得令人满意的成效，亮度匀称，且细节得到必然的增强。

4.2 算法步骤

在估算出光照分量后，可以推算出反射分量，即$R=I/L$，再利用全变分的模型。

令$l=\log_\Omega L$，$r=\log_\Omega R$，$i=\log_\Omega I$，其中Ω为图像区域，得$i=l+r$，求出最终值。

光照分离算法的一般步骤如下：

(1)图像I给定后，进行取对数运算，得到$i=\log_\Omega I$；

(2)取初始值，求解全变分模型，令$l_0=i$，根据公式得N次迭代的结果l^N作为光照l的最终估计；

(3) 对光照分量l进行指数运算，得L的值；

(4) 公式$R = I / L$可用于求反射分量R。

……

这是一个巧妙地将频率过滤和灰度变动联合起来的图像处理的方法，通过不停地进修探究，详细了解算法的去雾原理，借用这个原理，再与图像处理软件 MATLAB 相结合，先得出高斯滤波的波形图，经过图像的过滤和变换，保证图像更加清晰，达到最终要求[14]。

程序处理过程如下。

(1) 得到高斯低通滤波器。

```
sigma=0.5;
f_high = 1.0;
f_low = 0.4;
sz=3;
gauss_low_filter = fspecial('gaussian', [sz sz], sigma);
```

(2) 转换为高斯高通滤波器。

```
gauss_high_filter = zeros(matsize);
gauss_high_filter(ceil(matsize(1,1)/2) , ceil(matsize(1,2)/2)) = 1.0;
```

4.3 滤波函数对去雾的影响

光照分离去雾图像效果如下。

……

由去雾后的图像可以看出，用这种算法对图像去雾，对图像终极的处置效果与直方图法的区别不大，但是它所需要的时间较短，处理效率比较高，处理后的图像同直方图去雾一样，图片偏灰白色。

改变处理有雾图像的滤波函数，则对应的效果也会有所改变，对图

14

像边缘的处理效果会有变化。令高斯高通滤波器的转移函数加上常数，拓宽滤波范围，去雾效用也有一定的改善，去雾图像如图 4.7 所示。

图 4.7　处理后图像二

由图 4.7 可知，光照分离就是依靠滤波器的滤波进行图像处理的，而滤波器的效果又是由半径所决定的，半径越小，处理时的边缘效果越好。但是，为了增强去雾效果，又能保证边缘区域的对比度有很好的改善，滤波函数的半径不能够太小，如果半径大小，那么对处理效果会有很大的不良影响。

5 总结与展望

5.1 两种去雾方法总结

含雾图像在空间域中有很多处理技术，其中，直方图均衡化是最基本的一种，是属于图像增强大类的基本去雾算法。本论文先对图像处理方法中的直方图均衡化的理论进行了研究分析，并运用于实践，即使用MATLAB 软件编程，对具体的含雾图像进行清晰化处理。将不同情况下测试实验的结果进行比较验证，从而判断出该方法去雾的有效性。将各种图像比较后可得使用均衡化方法去雾并不能达到很好的效果，去除雾气的效果并不是很明显，图像中的雾气减少得不是很多，看起来依旧模糊不清，并且图像偏暗淡，颜色也被去除了。不过，这一措施具有加强图像灰度级动态范畴的特征，灰度级的变化对图像处理的效果也有一定的影响。接下来，在这个基础版之后，本文又提出了提升版的光照分离去雾算法，这是更加接近本文中心的、更优的一种算法。这也是一种基于图像增强的图像去雾算法，同样是机动地调整图像灰度级的动态范畴，从而使图像上各处的亮度比较均匀，对暗区和亮区都有一定的调节和保护，最终达到保持图像原始不含雾风貌的目的。

除了上述两种去雾算法，还有一种属于图像复原大类的去雾算法，就是暗原色先验算法，通过我的了解，这一算法相对于直方图均衡化算法来说也略有优势。但是，由于时间比较仓促，对于基于图像复原理论的算法研究得不是很深入透彻，去雾的效果并没达到理想状态。下面，将对效果不是很优越的、有待于继续探究的去雾过程和结果进行展示。

5.2 去雾算法展望——暗原色先验算法

1. 算法概述

算法原理：该算法是由何恺明等首先提出来的。很大比例的户外无雾图像中总存在小部分的地域，这部分地域中总有一个颜色通道的强度值处于下游，然而，当图像受到雾气的扰乱时，这些强度值相对而言偏向低处的暗像素可能由于大气中原本就存在的白光因素的加入而变得较高。所以说，含雾光线中的透射信息可借用暗像素的值估测出来。

在对无雾图像的察看中，一些非天空地域中若有一个像素很低的颜色通道，即表示该地域中全数光强度中最小的光强度。对于图像 J，有 $J^{\mathrm{dark}}(x)=\min\{\min[J^{c}(y)]\}$，$c\in\{r,g,b\}$，$y\in\Omega(x)$，$J^{c}$ 是 J 的某个颜色通道，y 的范畴 $\Omega(x)$则表示以 x 为中心的一块方形区域，J 是不处于空域的户外无雾图像，J 的暗原色可以用 J^{dark} 表示，继而归纳出一个规律是 J^{dark} 的强度总是很低，这一规律即称作暗原色先验。

当所构造的成像模型中已经有雾时，在方程式 $I(x)=J(x)t(x)+A[1-t(x)]$ 中，I 代表察看到的图像的强度，J 代表拍摄到的景物的光线强度，A 代表原本的大气光因素。经过媒介透射后，光线没有发生散射的部分用 t 表示，恢复出原来的 J、t、A 三部分就是这个算法的最终目的。

在方程式 $I(x)=J(x)t(x)+A[1-t(x)]$中，直接衰减项位于等号的第一项，而大气光成分则用第二项表示。直接衰减项是光线透射后的部分，大气光的存在，则是由散射的存在作用引起的，由于散射的存在会造成景物的偏移。关于大气层的思虑可作为各项同性，透射率 t 可表示为 $t(x)=e^{-\beta d(x)}$，其中，大气的散射系数用 β 表示，前面的透射率函数表现出的

17

信息为穿过介质后的光线是随着景物深度 d 按指数衰减的。

2. 算法分析

1) 估测透射率分布

透射率反映了光在大气中传输透过时的重要特性。作一个假设，若在光线传输过程中，大气均匀分布，则对一幅图像来说，在特定的时刻，全散射系数 β 可用一个定值表示，所以说，图像上各点退化的程度一定是不相同的，它的决定项就是传输距离(场景深度)。在归纳出暗原色先验算法的去雾理论和成像模子的基础上，可以较容易地评估出成像时刻的雾浓度，进而估算出透射率 t 的表达式。开始时要进行假定，设代表大气光因素的 A 已知，且位于部分区域 Ω 内的透射率 t 总能够保证恒定，则有

$$\min\left\{\min\left[\frac{I^c(y)}{A^c}\right]\right\}=t(x)\min_c\left\{\min\left[\frac{J^c(y)}{A^c}\right]\right\}+\left[1-t(x)\right] \tag{5.1}$$

凭据暗原色先验规律，无雾的原始图像的暗原色项 J^{dark} 大小应该靠近于 0，A^c 项总是正的，导致 $\min_c\left\{\min_{\Omega(x)}\left[\frac{J^c(y)}{A^c}\right]\right\}=0$，将该式代入式(5.1)，可大概推算出透射率 t 的表达式：$t(x)=1-\min_c\left\{\min_{\Omega(x)}\left[\frac{J^c(y)}{A^c}\right]\right\}$。

2) 复原物体光线

在透射分布已经确定时，含雾图像就可以非常轻易地进行复原。当透射率 $t(x)$与 0 很靠近时，直接衰减项 $J(x)t(x)$也会靠近 0，复原原始图像就越发方便，固然，复原后也有可能包含噪声。设定 $t(x)$的下限为 t_0，

18

则复原得到的 $J(x)$ 为 $J(x)=\dfrac{I(x)-A}{\max(t(x),t_0)}+A$。

3) 估测大气光成分

在以前所探究出的大多单一图像除雾方式中，经常借用不透明图像的含雾像素来进行大气光因素 A 的测试与求解。在现实生活中拍摄得到的图像中，白色的物体如汽车或者建筑物反而可能为最明亮的像素点。由此，可以假借暗原色先验算法来提升对大气光的估测的准确度，也就是说，借用这一理论，可非常便利地评估出我们所拍摄图像的大气光成分。

3. 处理过程

(1) 将原本输入的待处理的含雾图像分为 15×15 块，即可获得整个图像或局部图像的暗原色图；

(2) 对透射率图的进一步细化可以借用软件；

(3) 大气成分的评估可借用暗原色先验算法；

(4) 回归到无雾的图像。

程序处理过程如下。

……

5.3 三种去雾算法的比较

直方图均衡化算法：这种算法为了达到去雾效果，将有雾的原图变换成均匀分布的形式，实现去雾目的，这种处理算法能够扩大像素灰度值的动态范围，对雾天图像的整体对比度会在某些程度上加强。

光照分离算法：汇合了频率过滤和灰度变换的图像增强的去雾算

19

法，这种处理技术是压缩亮度范畴和增强对比度配合作用的方式，能够较高效地去除光照不均匀产生的暗处，从而很好地还原出原本的无雾图像。

暗原色先验算法：在去雾处理方面，适用于各种情景下的图像，也就是说雾气分布均匀与否、雾气浓度或是场景深度的变换都对它的去雾效果影响不大，对图像去雾处理的效果十分显著，对提高输出图像的清晰度非常管用，从而在雾天能见度上可以有很大程度的提高[16]。

目前，在对雾天图像进行处理的问题上已经取得了极大进展，不难发现，大气光散射模型是大多图像去雾的方法，是以受到了此类模式方法的限定。即会因为某些天气原因，造成该模型的处理方法失去原有的效力。因而，在应对复杂多变的天气状况时，需要的物理模型应当更加完备，进一步探索研究基于不同模型、适应于不同情形的图像去雾算法，在未来一段时间内显得重要而又艰巨[21]。

参考文献

[1] 郭璠, 蔡自兴, 谢斌, 等. 图像去雾技术研究综述与展望[J]. 计算机应用, 2010, 30(9): 2417-2421.

[2] 郭璠, 唐琎, 蔡自兴. Objective measurement for image defogging algorithms[J]. Journal of Central South University, 2014(1): 272-286.

[3] 张道华. 雾霾条件下单幅图像去雾算法研究与实现[J]. 韶关学院学报, 2015(6): 8-13.

[4] 王多超. 图像去雾算法及其应用研究[D]. 合肥: 安徽大学, 2010.

[5] 周雪智. 图像增强算法研究及其在图像去雾中的应用[D]. 长沙: 湖南师范大学, 2015.

[6] 黄义明. 雾霾天气下图像增强算法的研究[D]. 大连: 大连理工大学, 2013.

[7] 吴迪, 朱青松. 图像去雾的最新研究进展[J]. 自动化学报, 2015, 41(2): 221-239.

[8] 李璐, 陈佳, 朱颖达, 等. 基于大气散射模型的工业图像去雾算法研究[J]. 科技展望, 2016, 26(16): 110-111.

[9] 邓巍, 丁为民, 张浩. MATLAB 在图像处理和分析中的应用[J]. 农机化研究, 2006(6): 194-198.

[10] 徐淼. 基于 Matlab 图像数字水印算法的研究[J]. 电子技术与软件工程, 2014(21): 121.

[11] 赵莹. 基于单幅图像的去雾算法研究[D]. 天津: 天津大学, 2009.

[12] 杜雨芝. 指导滤波在单幅图像快速去雾算法中的应用[D]. 大连: 大连理工大学, 2013.

[13] 唐鉴波, 朱桂斌, 江铁, 等. 基于引导滤波的单幅图像去雾算法研究[J]. 科学技术与工程, 2013, 13(11): 3021-3025.

[14] 董林娜. 基于暗原色先验的图像去雾算法研究[D]. 济南: 山东师范大学, 2015.

[15] 吴笑天, 丁兴号, 吴奎. 基于暗通道理论的雾天图像复原的快速算法[J]. 长春

理工大学学报(自然科学版), 2012, 35(1): 100-104.

[16] 熊浩. 基于暗原色先验的图像去雾处理方法研究[D]. 武汉: 华中科技大学, 2013.

[17] 陈露. 基于滤波的暗原色先验图像去雾算法[D]. 成都: 西南交通大学, 2015.

[18] 李兴兴. 基于景深的单幅图像去雾算法研究及应用[D]. 合肥: 合肥工业大学, 2013.

[19] 唐美玲. 单幅图像去雾算法的研究与应用[D]. 长沙: 湖南大学, 2014.

[20] 禹晶, 徐东彬, 廖庆敏. 图像去雾技术研究进展[J]. 中国图象图形学报, 2011, 16(9): 1561-1576.

[21] 张柳. 基于单幅图像去雾算法的改进与实现[D]. 武汉: 华中师范大学, 2014.

致谢

时间过得真快，四年的学习生活即将结束，我想借此机会对我的导师表示最衷心、最诚挚的谢意，本论文是在他的精心指导下顺利完成的。指导老师不仅是我的毕设指导老师，也同样是我四年大学生活的班主任老师，能够成为光电信息工程 131 班的一员是我的荣幸，指导老师的敬业负责使得我们班一直是一个团结友爱的大家庭，同学之间相处得很和睦。

指导老师从此次毕业设计初步阶段到最后完成阶段，从毕设选题到查阅相关论文材料，而后是论文概要的确定，再到中期检查论文的完成和修正，最后是论文规划的调整等各个环节都给予了我悉心的指点。指导老师给我的帮助不仅在学习上，更是在生活上教会了我为人处世和待人接物的道理。

感激含辛茹苦养育我长大的父母，他们无私的爱和对我学业上的默默支持使我有勇气克服一个又一个困难，有幸进入大学，不仅有我的努力更有他们的鼓励。知道我有一颗想要考研的心，学历不高的他们尽己所能地为我提供了一切物质上的需要，虽然最后的结果并不尽如人意，但我庆幸有继续深造的机会，这也给了父母希望。

对于大学期间取得的成绩，想要感谢的人太多，首先是帮助过我的任课老师，然后就是光电信息工程 131 的同学，每次有不懂的问题，大家都可以互相请教，尽量将课上老师讲的知识点都消化吸收，真正地掌握这些知识，理解并能够灵活地将其运用于以后的工作中。这次毕业设计的完成，当然也离不开对大量论文、期刊的借鉴，感谢这些作者，是他们给了我途径去解决一个又一个难题，也让我少走了很多弯路。

最后，祝各位老师身体健康、工作顺利，愿光电信息工程 131 同窗之间的友谊长长久久。

第 7 章　自动化专业指导示例

7.1　自动化专业简介

1. 专业培养目标

本专业培养德、智、体全面发展的，掌握电工技术、电子技术、控制理论、检测与仪表、计算机应用等较宽广领域的工程技术基础和专业知识，具有较强的解决实际工程问题能力，在运动控制、工业过程控制、自动检测、信息处理等方面从事系统的分析集成、研究设计、运行维护、管理决策等工作的应用型高级工程技术人才。

2. 专业主要课程

自动化专业的主要课程包括电路分析基础、数字电子技术、模拟电子技术、微机原理与接口技术、信号与系统分析、自动控制原理、电机与拖动、电力电子技术、计算机控制技术、运动控制系统、过程控制工程等。

3. 专业就业方向

学生毕业后可胜任工矿企业的工业自动化、生产过程控制等部门的技术岗位和管理岗位，能在运动控制、过程控制、检测与自动化仪表、计算机应用等领域从事管理决策、系统分析、运行维护和研究开发等工作，也可到机关事业单位或研究机构从事现代化信息管理和计算机应用方面的工作。

7.2　自动化专业毕业设计(论文)选题

自动化专业毕业设计(论文)课题一般可分为毕业设计和毕业论文两类。

1. 毕业设计类选题

毕业设计是指比较成熟的课题，一般只要应用所学的基础理论和专业知识，就能正确设计和计算一个工程自动化系统。例如，一些工程自动化技术的改造课题，一般性的软件设计课题等。

实例：一个交流调速系统的设计。

(1)设计资料：500kW 异步电动机一台；SCR 等元件若干。

(2)设计内容及要求：交流调速系统的方案设计，经方案比较分析，确定设计一个电压型交-直-交变频调速系统；主回路连接和元件选择计算；建立交-直-交电压型逆变器变频调速系统数学模型和动态结构图；电压调节器和电流调节器的计算；建立矢量变换方程；系统调试。

(3) 设计成果：设计技术说明书 1 份(1 万字左右)；设计图纸 1～2 张。

2. 毕业论文类选题

毕业论文是指带有探索性的课题，不仅要应用所学的基础理论和专业知识来解决实际问题，而且还要根据课题需要查阅大量文献，消化吸收，并进行探索和创新后，才能较好地予以完成。

实例：高炉煤粉制备过程布袋箱温度智能控制的研究。

高炉煤粉制备过程是一个非常复杂的生产过程，被控对象布袋箱是一个长时延、非线性和变参数系统。这类系统难以建立数学模型，若采用一般经典 PID 控制，往往难以达到用户要求，因此要求采用较先进的控制算法以实现布袋箱最佳控制。

(1) 设计资料：现场一些手动设备；历史数据。

(2) 设计内容及要求：详细了解高炉煤粉制备过程工艺及对自动控制提出的要求，查阅有关文献；对布袋箱温控进行大量仿真研究，确定和改进控制算法；计算机硬件配置设计；系统软件设计。

(3) 设计成果：论文 1 篇(1 万字左右)；程序清单 1 份。

7.3 自动化专业毕业设计(论文)示例

下面以毕业设计(论文)课题“基于 MCU 的多机械臂控制器在超声波清洗设备上的应用”为示例，介绍该专业毕业设计说明书和毕业论文的撰写(注：该论文含原论文主体结构，非原论文全部)。

该课题针对工业生产的一个重要环节，结合控制系统的需求设计了一套用于超声波清洗设备的嵌入式系统。该设备主要包括硬件平台和上位机。硬件平台包括 DSP 的最小系统、瑞萨单片机的最小系统、系统电源、工业触摸屏、信号隔离模块等。系统使用 TI 公司的 DSP 控制芯片作为整个系统的控制核心，对整个系统进行控制：将实时系统参数通过 MODBUS 通信协议发送给触摸屏，并将机械臂的控制参数通过 IIC 协议发送给瑞萨单片机。然后，触摸屏将接收到的数据解析处理后显示到上位机界面上；单片机解析控制参数后以此为依据输出伺服电机的控制脉冲，最终实现机械臂的运动控制。

选择该课题的学生能充分应用学过的基础理论和专业知识解决工程实际问题，选题有较大的理论研究价值和实际工程应用价值，能培养学生的开拓创新精神和工程实践能力。

基于MCU的多机械臂控制器在超声波清洗设备上的应用

摘 要

我国制造业的重点从“中国制造”转向“中国智造”，这使得工业生产自动化的水平越来越高，以前需要许多工人来进行的流水线操作现在已慢慢被各类智能设备所替代。

本课题是针对工业生产的一个重要环节——对所生产元件进行清洗所提出的。本文根据控制系统的需求设计了一套用于超声波清洗设备的嵌入式系统。该设备主要包括硬件平台和上位机，硬件平台包括DSP的最小系统、瑞萨单片机的最小系统、系统电源、工业触摸屏、信号隔离模块等。系统使用TI公司的DSP控制芯片作为整个系统的控制核心，对整个系统进行控制：将实时系统参数通过MODBUS通信协议发送给触摸屏，并将机械臂的控制参数通过IIC协议发送给瑞萨单片机。然后，触摸屏将接收到的数据解析处理后显示到上位机界面上；单片机解析控制参数后以此为依据输出伺服电机的控制脉冲，最终实现机械臂的运动控制。

实践结果表明，本控制系统实现了对机械臂的控制，能较好地完成生产流程。本系统保护功能较完善，同时具有一定的升级空间。

关键词：嵌入式　机械臂　工业触摸屏　控制器

Application of Multi-arm Controller Based on MCU in Ultrasonic Cleaning Equipment

Abstract

The focus of China's manufacturing industry shifted from "Made in China" to "China's Intellectual creation China", which makes the level of automated production of industrial production higher and higher. Pipelining operations that many workers have previously required are now being used by various types of intelligent equipment Alternative.

This topic is an important part of industrial production - the production of components for cleaning the proposed. In this paper, according to the needs of the control system designed a set of ultrasonic cleaning equipment for embedded systems. It mainly includes the hardware platform and the host computer, the hardware platform includes the minimum system of DSP, Renesas single chip minimum system, system power supply, industrial touch screen, signal isolation module. The system uses TI's DSP control chip as the control core of the whole system to control the whole system: the real-time system parameters are sent to the touch screen through the MODBUS communication protocol, and the control parameters of the robot are sent to the Renesas MCU through the IIC protocol. Then, the touch screen will receive the data analysis process after the display to the host computer interface; single-chip analysis of control parameters as a basis for the output servo motor control pulse, the final realization of the robot arm motion control.

Practice results show that the control system to achieve the control of the robot, can better complete the production process. The system protection function is more perfect, but also has a certain upgrade space.

Key Words: embedded; manipulator industrial; touch screen; manipulator controller

目　　录

V

1. 绪论

1.1 引言

20 世纪 50 年代，出现了一种新型清洁技术——超声波清洗技术。随着该技术的发展与进步，它大量使用在社会生产生活中。时至今日，由于它不俗的清洗效果与安全便捷的操作方式，它被许多工厂、医院、商店甚至家庭欣然接受。

如今，我国已将超声波清洗技术应用在社会生活的各个方面。在机械制造方面，拆修元器件的清洗，元器件在喷涂前或在电镀前后的高清洁度清洗，例如，油泵油嘴器件、燃油过滤器、轴承、制动器、阀门的清洗；在生活或光学设备中，眼镜、望远镜、显微镜等光学系统的洗涤；在电气学领域，印刷电路板、硅片、元器件外壳、底座以及各类电子元器件等的清洗；在医学领域，医用器具以及制药、食品、生化等试验中所用的各类器皿的清洗；以及在工艺品或精密设备制造行业，精密器件、精密模组、精细工艺品、高价值的珠宝等的清洗。

……

1.2 超声波清洗设备

超声波清洗设备是一种运用超声波清洗理论的，可以取得所清洗物件全面洁净效果的，特别是对不规则的深孔、盲孔、凹凸槽进行清洗的最为理想的设备，而且它不用担心影响任何物件的材质及精度[1]。

……

目前，超声技术的研究和应用的范围，已经从船舶、冶金、机械等

1

领域扩大到20多个工业部门，并取得了很好的社会效益和经济效益。可以看出，该技术正在慢慢走向成熟，发展应用前景广阔。

1.3 课题研究的主要内容

超声波清洗设备使用在工业生产中有很多的优势，例如，对于不规则物件的清洗，强酸强碱、高温等恶劣的工作环境以及对细小精密的物件的清洗等方面。但是超声波清洗设备如果想要大规模使用在工业生产中，那么工业机械臂将是它必不可少的一部分。不管是将物件送到清洗槽内，还是将清洗好的物件取出清洗槽，或是将某一流水线上的物件转移到另一流水线上，机械臂都是必不可少的部分。又因为生产流水线一般距离较长，生产工位较多，所以在一条生产线上一般会有多台机械臂，而为了生产线能正常运作，多台机械臂之间的协同生产也是一个必须重视的问题。

本课题就是为了解决工厂生产环境中的多机械臂的控制及协同工作而提出来的——基于 MCU 的多机械臂控制器[3]在超声波清洗设备上的应用，该系统主要包括三大部分：主控制器、机械臂和工业触摸屏上位机。其中工业机械臂主要由伺服电机控制器、伺服电机驱动器以及伺服电动机和限位开关构成。在本项目中，机械臂只需要实现工件转移的功能，因此其结构较为简单，只有两个自由度：横向的水平移动以及竖直的上下移动。虽然它结构简单，但相对于灵活的类人机械臂，其成本较低，机械强度更高，耐用性更强，控制起来也更方便。在本课题中，主控制器是整个系统的核心，它采集各个机械臂的运行情况，并综合判断出整个系统的实际状态，以此为依据，向各机械臂发出控制指令；机械臂的控制核心通过数据通道接收到主控制器的控制命令后，解析出控制参数，并依照主控制器命令向伺服电机驱动器发出相应的驱动脉冲和方向信号，以控制机械臂按照控制参数完成相应的动作。系统在运行时，主控制器会通过数据通道向上位机发送系统当前的工作情况以及当前的控制参数，以方便操作者随时掌握系统状态。

1.4 论文的章节安排

第 1 章为绪论，主要以课题研究任务为主线，确立系统结构设计与方案设计，以及对课题相关研究的背景、现状分析。

第 2 章为控制系统的方案设计，介绍本设计的基本组成部分以及它所能实现的功能，分析本设计硬件的整体结构，机械臂、上位机的实现方案以及各器件之间的数据通信方式等。同时，对系统可能出现的一些问题进行了预测并提出了预防措施，确定最终方案。

第 3 章为嵌入式多机械臂移动控制系统硬件设计，介绍多机械臂移动控制系统的硬件各部分组成，主要介绍系统电源的设计、主控制系统的设计、伺服电机控制器设计以及系统冗余设计等。

第 4 章为嵌入式多机械臂移动控制系统软件设计，介绍软件部分主控制器端控制程序的设计、伺服电机控制器的控制程序设计，并介绍 IIC、MODBUS 通信协议部分的程序设计和上位机的设计流程。

第 5 章为嵌入式多机械臂移动控制系统调试，介绍各个部分调试的情况，主要介绍在实际测试过程中，工业触摸屏端上位机的实时显示和参数修改。

第 6 章为总结与展望，主要是对本课题的研究内容和研究中遇到的问题进行概述，并指出本设计的不足之处和改进的方向。

2. 控制系统的方案设计

2.1　系统功能概述及设计原则

本项目是设计一台超声波清洗设备来对工厂生产出来的工件进行清洗，以确保工件表面清洁、没有杂质、不会影响到后续的工序；而且超声波清洁不会使工件出现额外的问题，符合工业生产安全、高效的前提。部分生产环境十分恶劣，操作人员清洗物件需要接触强酸强碱溶液，长此以往，操作人员的身体健康会受到严重威胁，常常出现各种职业病；而使用超声波清洗设备则完全不需要考虑这些问题，只需要定期对设备做一些维护，它就可以一直工作下去。同时超声波清洗比绝大多数人工清洗效果更好一些，合格率更高，从另一方面提高工件的市场竞争力，降低了生产成本。

对于超声波清洗设备来说，设计重点自然在提高清洁度方面。在工业生产中，工件表面的污迹既有酸性的，又有碱性的，用普通的清洗液是很难清洗干净的，因此本项目中设计有专门的酸碱清洗溶剂清洗槽位来去除物件上的酸、碱污渍，具体的项目工位设计如图 2.1 所示。整个清洗流程是工件先到达上料台，然后由机械臂转移到超声波清洗槽中，清理掉较大的杂物；清洗完成后，再由机械臂将其转移到超声波酸洗槽中，洗掉工件上的碱性污渍；清洗完成后，由机械臂将其转移到超声波漂洗槽中，洗掉工件上的酸性清洗液，以免影响后续在碱洗槽中的洗涤效果；漂洗完成后，机械臂将工件转移到碱洗槽中，洗掉工件上的酸性污渍；碱性完成后，机械臂会让工件进入超声波漂洗槽中，将工件上的碱性清洗液漂洗掉；漂洗完成后，工件上会残留部分水珠，如果不将其去除就进行烘干操作将会在烘干的物件上留下水渍，影响清洗效果，所以在对物件进行烘干之前，还需对物件进行慢拉脱水，除掉工件上的水珠。慢拉脱水槽中的溶液是纯水，工件漂洗掉碱性清洗液后即进入该工位中除掉工件表面的水珠，然后机械臂再将工件转移到烘干槽中，进行最后的烘干处理；烘干完成后，机械臂将会把物件转移到下料台，准备进入后续的生产线进行生产处理。

……

基于 MCU 的嵌入式多机械臂移动控制系统的设计前提条件是满足使用者的需求，利用此系统完善的功能和极高的性价比，使使用者得到最大的利益。该系统的整体结构框图如图 2.2 所示，本系统方案设计的原则如下。

(1) 实用性。

机械臂控制系统的功能首先应该符合实际生产需要，不应该虚有其表，片面追求产品的高大上，这样很可能会出现投资大、研发周期偏长等问题。同时，机械臂控制系统的操作要尽量简单，让一般的操作人员通过阅读说明书或参加简单的培训即能独立操作。

(2) 稳定性。

由于工业产品的特殊性，系统必须要能稳定、可靠地运行；在工厂里，很多时候设备还需要长时间不间断地工作，因此，系统的稳定性极为重要。

5

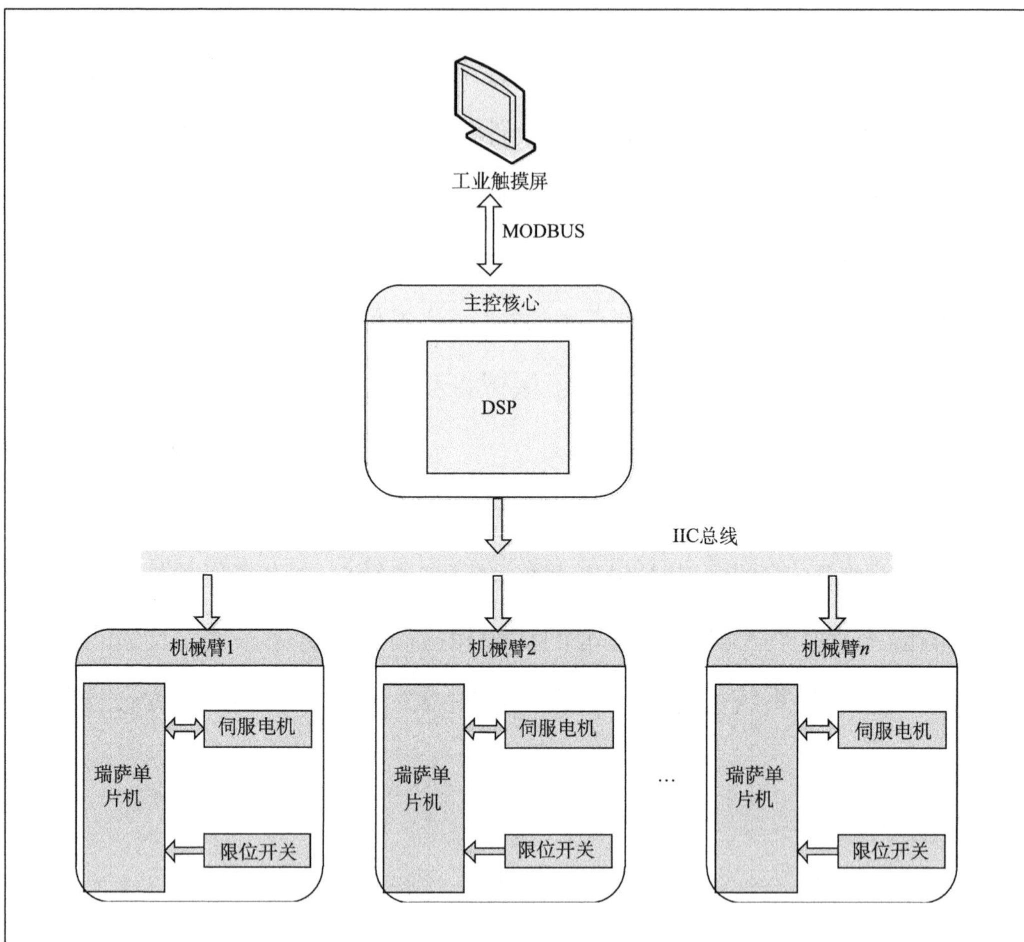

图 2.2　系统结构框图

(3) 可扩展性。

机械臂控制系统的设计与实现还应该考虑到将来机械臂数目可能有变动的实际需要，例如，生产工位的增加、生产流程的变动或生产技术的升级都可能对设备中机械臂的数量产生影响，所以必须要在设计初期考虑到系统扩展性的问题。在本设计中，通过给每一个机械臂设计一控制核心来解决这个问题，后续增加机械臂时只需要将其连接到现场总线上即可，而不需要对生产线已定形部分进行较大改动。

(4) 易维护性。

机械臂控制系统的维护应该做到简单易行，方便用户进行后续的管理与维护。

2.2 控制器方案设计

考虑到系统的可扩展性，本控制系统采用双控制核心来实现整个系统的正常运行。主控制核心需要统筹管理整个系统，要求数据处理能力强，最好能并行处理[7]多个操作，拥有尽可能小的功耗，因此 DSP 是比较好的选择；每台机械臂都有一块单片机作为控制核心，它负责接收主控核心发来的数据，并以此作为机械臂的控制依据。由此，多核心控制方案即能很好地处理机械臂数量的变动，大大减少因升级生产工艺而造成的机械臂增删所需要的安装调试时间。

2.3 上位机的方案设计

为了让操作者知道当前系统的运行状态，有必要为整个系统设计一个显示模块，综合各种显示模块，相对于数码管等显示单元来说，触摸屏使用灵活、方便，显示信息详细、清晰，可以大大减小操作者的上手难度，可以节省大量的熟悉时间；而且触摸屏制作上位机且可以省去输入模块、减小系统体积，同时可以编写一个简洁明了的操作菜单，使得操作界面更加人性化；如果后面生产技术有小的改进，也可以在不大幅度改动硬件设计的情况下完成系统升级。

因此，本设计采用工业触摸屏作为上位机的硬件载体，使用 MODBUS 协议进行数据传输。

2.4 DSP 和下级控制器通信设计

主控芯片 DSP 需要和伺服电机控制芯片[8,9]进行实时的数据交换，而可供选择的通信方式有很多种，如 SPI、IIC、串口通信、CAN 总线通信等。综合考虑，本项目选用 IIC 通信协议来进行芯片间的数据传输。

使用 IIC 通信有以下一些优势。

(1) 双线制全双工通信方式，可简化现场布线。

(2) IIC 总线通信协议有完善的数据有效性判断机制：在进行数据传输的时候，时钟线只要为高电平，数据线上的信号就必须稳定；只有时钟线处于低电平时，数据线信号才能够变化。结合接收和发送数据的应答信号，可以有效地提高该部分数据传输的抗噪声干扰能力。

(3) IIC 通信为同步数据传输，具有统一的时钟信号；相对于异步通信来说，它的误码率要低得多，性能更稳定。

(4) 主控芯片 DSP 和伺服控制芯片瑞萨单片机[10]均有硬件 IIC 接口，实现起来更方便且省资源，而且不用引入外部电路，系统稳定性更好，同时也使硬件电路设计更简便。

2.5 机械臂方案设计

工业生产中，对元件的洁净度要求越来越高，各种各样的清洁方法也层出不穷，在这种环境下，清洁效率较高且清洁效果也好的超声波清洗设备自然而然地流行起来。而为了能让超声波清洗设备适应工业现场的生产环境，需要给其增加机械臂结构来进行元器件在清洗期间的运输和转移。

本课题设计了一种基于嵌入式的多机械臂移动控制系统，它是多芯片控制系统，不管以后是进行系统升级还是在遇到系统硬件故障时，它都能较快地解决问题，因此它能比较方便地应用在多种工业生产环境中，又由于它是分离式设计，如果需要可以较为轻松地实现大规模生产，相对于一体设计，能降低生产成本，形成一定的价格优势。

本系统的主要功能如下。

(1) 系统中 DSP 作为主控制器，控制整个系统的正常运行，其通过 IIC 总线与伺服电机控制芯片进行数据交换，通过 MODBUS 来控制工业触摸屏上的显示。

(2) 每一个机械臂都有自己的控制器，它们通过 IIC 总线与主控制器通信，因此可以方便地进行多个机械臂的联合控制，以适应多种生产工序的需要。同时可以支持后续的产业升级，十分方便地进行槽位的增加。

(3) 系统中工业触摸屏负责显示一些操作人员需要知道或需要更改的参数，并通过 MODBUS 总线与主控制器进行通信，获取显示数据，并返回修改后的控制参数。

2.6 系统安全保障方案设计

作为一个面向工业应用的设备，安全防护措施是一个不可避免的问题。对于系统程序的编写没办法做到绝对的完美，且单片机和 DSP 本来就有一定的概率出现程序跑飞或死机的现象，此时，如果不加一定的限制措施，可能会造成设备损坏，甚至危及操作者的生命安全。因此本设计在机械臂的水平导轨以及竖直导轨上都安装有限位开关，当机械臂行进到此位置时，由硬件强制断电以停止机械臂动作，以防发生危险。同时，在机械臂的原点位置处安装有限位开关，可对机械臂进行辅助定位，以减小并消除累积误差的影响，并且能在特殊情况后快速恢复初始位置。

3. 嵌入式多机械臂移动控制系统硬件设计

整个系统主要分为主控制器部分、伺服电机控制部分和触摸屏上位机三部分，三个部分协同工作，相互之间通过 IIC 总线协议或 MODBUS 总线协议进行通信。

3.1　系统电源设计

整个系统内每一个部分稳定工作是整个系统稳定工作的前提，要想持续地稳定工作，可靠的工作电源必不可少，在本设计中，共需要直流 24V、5V、3.3V 和 1.2V 四种电压。其中 3.3V 和 1.2V 这两种电压提供给 DSP 最小系统等使用，5V 电压提供给瑞萨单片机系统使用，24V 电压提供给伺服电机使用。整个系统是直接从市电上获取电源，经过开关电源电路后得到直流 24V 电压电源，再将该 24V 电压经过 5V 稳压电路得到 5V 电压电源，再将 5V 电压通过稳压芯片处理后得到 3.3V 和 1.8V 电压的电源。

……

3.2　DSP 最小系统设计

本项目中主控芯片为 TI 公司新推出的 DSP 芯片[15,16]——TMS320F28075。DSP 的全称是 Digital Signal Processor，它指的是数字信号处理器，研究如何将理论上的数字信号处理技术应用于数字信号处理器中。

DSP 控制芯片特别适合作为处理数字信号运算的微处理器，一般具有如下特点。

10

(1)在一个指令周期内可以完成一次加法以及一次乘法运算；

(2)具有快速的片内 RAM，可以通过独立的数据总线同时访问程序空间和数据空间；

(3)具有较低开销甚至无开销及支持跳转的硬件 I/O；

(4)可以并行执行多个操作；

(5)它还适用于流水线操作，使得取址、译码以及执行等操作可以重叠执行[17]。

3.2.1　主控芯片简介

TMS320F28075 是 TI 公司推出的一款合格的 32 位 DSP 芯片，它的工作电源电压为 3.3V，核心电压仅 1.8V，因此其功耗较低，比较省电，可以用于便携式设备上。它带有 100KB 的 RAM 存储空间，512KB 的片上 Flah EEROM 存储空间，可以满足绝大多数嵌入式系统的程序存储需要；而且 Flash 存储器还可以用来存储系统数据，对于只需存取少量控制参数的小程序来说，Flash 空间就足够使用了，不用再添加其他的存储芯片用于数据的存储。它的主频高达 120MHz，还有 32 位的单精度浮点运算单元(FPU)，拥有上百个 I/O 口以及丰富的外设资源。其主要的外设模块有模/数(A/D)转换器、CAN 控制模块、串行通信接口、SPI 通信接口、IIC 通信接口、直接存储器访问(DMA)、支持通用串行总线架构(USB)以及可提高系统可靠性的看门狗等。

3.2.2　DSP 芯片的时钟电路设计

时钟电路可使用的外部晶振频率范围是 20～35MHz，通过内部 PLL 锁相环[19]电路倍频后提供给系统。用户可以通过软件设置 PLL 的分频和倍频系数，最高可以实现 10 倍的倍频，TMS320F28075 的最高主频可达

11

120MHz。

……

3.2.3 DSP 芯片的复位电路设计

常见的 DSP 芯片的复位电路由电阻、电容以及按键组成，但由普通电阻、电容和按键的物理特性决定，此种电路稳定性较差。本设计中选用 CAT825 芯片[19,20]作为 DSP 芯片的复位电路。CAT825 是一款可为控制系统提供最基本的复位操作和监控功能的复位芯片。

……

3.2.4 DSP 芯片的仿真电路设计

TMS320F28075 拥有可在线下载、仿真的 JTAG 仿真接口，本项目通过 XDS560v2 高速仿真下载器来对 TMS320F28075 芯片[22]进行程序仿真以及下载，仿真器通过使用 DSP 芯片上支持扫描仿真的引脚实现仿真功能，扫描仿真功能可消除传统电路仿真存在的信号线过长引起的信号失真和仿真插头的稳定性较差等问题。

……

3.2.5 DSP 芯片的 MODBUS 通信电路设计

本系统中使用 RS485 作为 MODBUS 的物理层来实现 DSP 与触摸屏间的通信。RS485 芯片同属于 OSI 模型的物理层，其电气特性为 2 线、半双工、支持多点通信，它利用信号线两端的电压的差值来表示传输信号，而且 RS485 只规定了接收端和发送端的电气特性，也没有规定或推荐使用任何通信协议[23]。可以十分方便地实现多种通信协议。

……

12

3.3 伺服电机控制电路设计

在本项目中，为了方便后续进行生产流程的升级，快速进行机械臂的更换或对其数量进行增减，同时为了减轻 DSP 的负载，每台机械臂都有自己的处理核心——瑞萨单片机 R8C/25 群产品，它通过 IIC 总线协议与 DSP 进行通信，并发出伺服电机控制脉冲信号。该单片机既有高功能指令又有高效率指令，并且拥有 1MB 的地址空间和高速执行指令的能力。

3.3.1 瑞萨单片机简介

瑞萨单片机运用其内部的高速时钟电路，最高时钟频率可达 40MHz，它有着 64KB ROM 空间，2 个 1KB 的数据闪存，3KB 的 RAM 空间，可以满足大多数情况下编程使用。它有内部高速时钟电路，当对时钟频率要求不是很严格时，可以省去外部晶振时钟电路，直接使用内部时钟。它还有丰富的 I/O 口资源和外设资源：2 个带 8 位预定标器的 8 位定时器、2 个 16 位定时器、1 个带有 4 位计数器和 8 位计数器的定时器、串行通信接口、硬件 IIC 总线接口、硬件 LIN 通信接口、数/模 (A/D) 转换器等。为了防止因程序跑飞失控而引起的损失，该单片机还拥有 15 位计数器的看门狗定时器，使用它可大幅度提高程序可靠性。

……

3.3.2 瑞萨单片机时钟电路设计

R8C/25 群单片机支持内部时钟振荡器提供芯片运行所需的时钟脉冲，但由于其受温度等的影响较大、精度不高，在对时钟频率有较为严格要求的场合，如通信、脉冲输出等场合，会对系统整体性能产生较大

13

影响。因此，本设计中使用外部晶振作为CPU的时钟源，给整个系统提供稳定、可靠的时钟源。

……

3.3.3　瑞萨单片机上电复位电路设计

单片机的上电复位由 RESET 引脚引起，当电源电压满足推荐运行条件时，如果将L电平输入到RESET引脚，引脚、CPU和SFR就被初始化。如果将 RESET引脚的输入电平从L电平变为H电平，就从复位向量指向的地址开始执行程序。

……

3.3.4　瑞萨单片机在线下载及调试电路设计

瑞萨单片机有自己的 on-chip 在线调试仿真接口，它只有两根信号线与单片机相连，一根和复位引脚相连，一根和 MODE 引脚[24]相连，大大节省了I/O资源；且还能给单片机提供电源，方便在线仿真调试，加快开发进程。

……

3.3.5　伺服驱动电路设计

本设计采用PWM波来控制伺服电机的速度，PWM的全称是Pulse Width Modulation，即脉冲宽度调制。它是按一定规律改变脉冲序列的脉冲宽度以调节输出量和波形的一种调制方式，我们在控制系统中最常用的是矩形波PWM信号，在控制时可以调节输出PWM波的占空比和周期。占空比是指输出信号中有效电平持续的时间在一个周期时间内的百分比，周期是输出一个控制脉冲所需的时间。占空比越大，输出有效电平的时间越长，如果全为有效电平，即占空比为 100%时，输出直流电

14

压。考虑到伺服电机本身的特性以及设计成本，采用开关频率高达10MHz的高速光耦TLP115来输出控制脉冲驱动伺服电机，伺服电机的转动方向由低速光耦TLP185来控制。

……

3.4 安全防护及复位设计

本系统主要设计有防止机械臂运行过界的限位开关以及在起点位置的复位开关。当限位开关被触发时，说明机械臂已经运行到极限位置，如果不采取紧急措施，就有可能发生意外，因此，它直接与电机电源相连，一旦被触发，即刻断掉伺服电机的电源，保护设备和操作人员的安全。此次复位开关和限位开关均采用槽型光耦设计，使用挡片作为动作器件，当挡片移动到槽型光耦的槽内，即触发此开关。

……

在该电路中，由槽型光耦来检测机械臂位置，当机械臂未运动到槽型光耦处时，槽型光耦未被遮挡，槽型光耦输出端(3、4端口)等同于短路，比较器的反相输入端与地相连；而比较器的同相输入端的电压通过R48和R51分压得到，为电源电压的一半，因此此时同相端电压大于反相端电压，比较器输出高电平；当机械臂上的挡板移动到槽型光耦处时，槽型光耦的输出侧被截止，此时右边比较器上的反相端与正向电源端相连，其电压值与电源电压相等，因此，此时比较器同相端电压小于反相端电压，比较器输出低电平。由此，通过判断输出端的高、低电平，即可知道机械臂是否运动到槽型光耦处。在模块的输出端还接了一个指示用的LED，可方便地进行模块测试以及后期系统出问题时的故障检修。

15

4. 嵌入式多机械臂移动控制系统软件设计

4.1 主控核心 DSP 的程序设计

DSP 是本设计的核心处理器，对上它负责与工业触摸屏通信，给触摸屏控制指令并接收触摸屏返回的修改后的控制参数；对下与瑞萨单片机通信，给瑞萨单片机发送机械臂的控制参数，以驱使单片机发出正确的控制脉冲，驱动机械臂正常动作。首先，DSP 需要对时钟系统进行初始化，以获取正确的时钟脉冲；而后对各个外设模块进行使能、初始化，对用到的引脚进行初始化操作；然后，采集系统的实时运行状态，并根据该状态向瑞萨单片机发送控制指令，使其控制机械臂按照预期操作；同时，需要将系统状态处理后发送给上位机，让触摸屏能同步显示系统状态，并接收触摸屏返回的修改后的控制参数。本项目 DSP 的控制程序由 TI 官方的集成开发环境 CCS 编写，其全称是 Code Composer Studio。

4.1.1 DSP 系统初始化

DSP 系统初始化主要包括时钟系统的初始化、存储空间的初始化、寄存器的初始化和中断系统的初始化。

……

4.1.2 主控 DSP 与触摸屏 MODBUS 数据传输程序设计

1. MODBUS 简介

MODBUS 协议广泛应用在各类电子控制器上。通过这个协议，各个控制器之间、控制器经由通信网络和其他设备之间实现通信。如今，它已经是一种通用的工业标准。各个厂商生产的控制设备通过此通信协

16

议即可连接组成工业网络，进行集中监控。

……

标准的MODBUS网络通信通常有ASCII和RTU两种传输模式。用户可以选择自己所需要的传输模式，包括波特率、校验方式等串口通信参数，在对每个控制器进行配置时，要注意在一个MODBUS网络上的所有的设备都必须选择相同的数据传输模式以及相同的串口通信参数。

2. 本设计中MODBUS通信的报文格式设计

本设计选用的是MODBUS的RTU传输模式，主要使用了03H、06H、10H 这3个指令码。03H用来读取单个或多个的数据，06H用来修改单个数据，10H可以一次修改多个数据。

……

3. DSP的MODBUS数据传输程序设计

在本设计中，MODBUS由RS485芯片作为物理层、DSP的串口作为信号源来将数据传给触摸屏。触摸屏收到信号后经过解析等处理，得到显示数据，然后将数据显示在屏幕上。

因此，DSP的MODBUS程序需要先设置相关I/O口，然后配置串口的中断设置，并对串口进行初始化，再根据发送、接收的需求配置RS485芯片，完成数据通信。

……

4.1.3 主控DSP与伺服控制器IIC数据传输程序设计

1. IIC协议简介

IIC通信协议是PHILIPS公司率先推出的一种串行总线通信协议，

17

它是包含多主机系统需要的具有总线裁决和高低速器件同步功能的高性能串行总线通信协议。IIC 总线只有两根信号线缆。一根是数据总线，另一根是时钟总线。IIC 总线通常通过上拉电阻和正电源相连。当总线处于空闲状态时，两根信号线均为高电平。然后连到总线上的任一器件输出低电平，都将使总线信号变成低电平[24]。

……

2. DSP 的 IIC 数据传输程序设计

DSP 的 IIC 通过芯片上的 IIC 硬件接口来实现，因此它的波特率由 DSP 的系统时钟分频后得到；它的数据的发送和接收都通过控制 DSP 的寄存器来实现。以数据的发送为例：IIC 通道和相关引脚的初始化在前面系统初始化中完成；IIC 初始化完成后，在发送数据前，需要先查询总线情况，如果总线未被占用，即开始装载数据量、数据地址、数据等值，一切准备完毕后即可给出发送指令。

……

4.1.4　DSP 主程序设计

在本系统中，DSP 主程序主要需要调用系统和外设的初始化函数来进行硬件的初始化，然后采集系统的当前运行状态，并与所需要的控制参数进行对比，最后将处理后的结果发给单片机和工业触摸屏以达到控制整个系统的目的。

……

4.2　瑞萨单片机控制程序设计

瑞萨单片机作为伺服电机的驱动、控制器，主要用来接收 DSP 下传

18

伺服电机的控制数据，并据此发出伺服电机的控制 PWM 波的输出。本次瑞萨单片机程序由瑞萨官方的集成开发环境 HEW(high-performance cmbcddcd workshop)编写。

4.2.1 瑞萨单片机初始化程序设计

单片机的初始化包括时钟的初始化、看门狗的初始化、定时器的初始化、所用引脚的初始化。初始化时钟需要选择时钟源，由于瑞萨单片机内部高速振荡器产生的时钟信号稳定性良好，且其信号频率比外部晶体振荡器要大，因此本系统选用内部高速振荡器作为单片机的 CPU 时钟。

看门狗可用于检测并解决由软件错误导致的故障；当计数器达到给定的超时值时，触发一个看门狗定时器中断或产生系统复位。本系统中，看门狗定时器计数溢出，程序直接复位，以防止发生意外。

……

4.2.2 瑞萨单片机 IIC 通道数据传输程序设计

本次为了提高 IIC 单片机程序的可移植性，使用普通 I/O 口来模拟 IIC，这样设计，就算以后换了单片机型号，也可以很快地进行移植。IIC 主要有起始信号 iic_start (void)、停止信号 iic_stop(void)、应答信号 iic_check(void)三种控制信号；但这三种主要的控制信号经过组合即可完成大多数的数据传输任务。IIC 数据传输的基础——单字节数据的发送程序如下：单字节数据发送和接收的函数不能直接使用，在发送函数调用前首先需要发送起始信号，其次发送从机地址，然后才能发送数据，最后在数据发送完毕时还需要发送一个停止信号，以解除对总线的占用。同样，在单字节数据接收函数调用前，首先，也需要发送一个起始信号，

19

其次发送从机写地址，然后发送需要读取数据的寄存器起始地址，最后再发送一个起始信号和从机读取地址，再根据需要读取相应位数的数据。但需要注意，每一个字节的数据接收完毕后，需要发送一个应答信号才能继续执行后续操作。

4.2.3　PWM 的输出与控制

由于控制伺服电机的 PWM 频率是变化的，它的频率越大，伺服电动机的转动速度越快。因此，还需要在系统运行过程中，根据需要改变单片机相关引脚输出的 PWM 波形的频率。在单片机的初始化过程中，已经对 PWM 的初始输出频率进行了设置，只要将开始标志位 TSTARTi 置 1，即可让单片机输出 PWM 波。

……

4.2.4　看门狗的程序设计

看门狗在系统运行过程中，需要在程序中实时刷新，以防止看门狗定时器计数溢出，导致系统服务。瑞萨单片机通过连续操作寄存器 WDTR=0x00，WDTR=0xff 将看门狗复位，使看门狗定时器重新开始计数。因此，只需要在程序里合适的地方加上看门狗复位语句，即可让看门狗正常工作。但需要注意一点：对看门狗进行复位操作时，需要先禁用中断，以防止看门狗在复位过程中进入中断，使看门狗复位失败。

4.2.5　瑞萨单片机的主程序设计

瑞萨单片机主程序主要是用来接收 DSP 芯片通过 IIC 下传的指令，并将其翻译成伺服电机的控制脉冲输出给伺服电机；同时为了防止程序跑飞，还需要根据实际情况实时置位看门狗。如果系统在安装调试过程

20

中以及后续测试中，为了保证每一次的原点一致，需要系统有复位回原点的功能，因此系统需要随时判断复位信号及时复位，复位时先竖直方向复位，再水平方向复位，以防机械臂碰到槽位，发生危险。

……

4.3 上位机界面设计

上位机是一个智能设备所必须的部分，现在可以用作上位机的平台多种多样，有计算机、智能手机、液晶屏等。本次上位机开发使用工业触摸屏，工业触摸屏和用于手机等设备上的普通液晶屏相比，拥有完整的驱动措施，不必自己编写触摸屏的驱动程序。它支持使用组态软件开发界面，进行图形化编程，所见即所得，能有效缩短开发周期，提高开发质量。

4.3.1 开发环境简介

本次上位机界面开发使用组态软件 MCGSE 嵌入版组态环境。其全称是 Monitor and Control Generated System for Embeded，即嵌入式通用监控系统。

MCGSE 嵌入版组态环境编写上位机相对于传统的直接在显示屏上开发上位机来说，其有以下的优点。

(1) 图形化界面，所见即所得，开发难度降低；

(2) 可以不要其他硬件支持，直接在计算机上仿真查看实际运行效果，使开发更简便；

(3) 因为其开发相对简单，所以能有效缩短开发周期，提高开发效率。

……

21

4.3.2　上位机界面的开发

上位机界面的开发首先需要在组态软件中新建一个工程，设置好工业触摸屏的硬件参数和通信方式。

……

4.3.3　脚本的编写

在 MCGS 组态软件中，每一个控件都只能给其设置一个控制指令，如果想要某一控件执行多条指令或多个动作，就需要通过写脚本程序来完成。脚本程序是 MCGS 组态软件的一种内置编程语言引擎。当一些控制和计算任务难以通过现有的模块实现时，通过编写脚本程序，能够大大增强整个系统的灵活性，解决许多现有模块难以解决的问题。

……

4.3.4　运行策略的编写

在 MCGS 中，运行策略可以实现如数据处理、事件触发等功能，它的处理事件可以是脚本，因此，它使用起来非常灵活。在 MCGS 中共有 7 种运行策略，分别是启动策略、退出策略、循环策略、热键策略、报警策略、事件策略及用户策略，每一种策略都由许多功能块组成。

……

最后，编写好策略并完成相关调用后，上位机即编写完成，此时，模拟运行查看无误后，通过组态软件下载到工业触摸屏中即可。

22

5. 嵌入式多机械臂移动控制系统调试

5.1 硬件调试

系统硬件平台的成功设计和搭建是后续软件调试以及测试功能的基础，如果系统硬件搭建失败，那么后续的软件测试则无异于水中月、镜中花。因此，硬件调试在整个调试过程中占有相当重要的地位。为了使硬件调试更加方便、可靠，先对每个模块、元件进行单独测试，然后编写一个个模块的程序，完成独立测试；最后再编写综合程序，完成整个项目的测试。

在独立测试阶段，主要完成以下步骤。

(1) 对 LED、继电器和光耦等不需要程序驱动的元器件的测试：LED、继电器、光耦通过电阻和电源即可搭建简单的测试电路，完成该部分器件的测试。

(2) 对单片机和 DSP 的测试：通过编写最简单的点亮 LED 的程序，即可得知芯片是否有故障。

(3) 对伺服电动机的测试：任意短接电机三根线中的两根，用手转动电机轴，如果阻力很大，则说明电机的线圈绕组没问题。

(4) 对电源电路的测试：电源电路主要是用来稳压的，通过万用表即可得知各电源电路是否正常工作。

5.2 上位机调试

上位机是本项目的一个极为重要的组成部分，使用 MCGS 组态软件将上位机编写完成后，即可离线模拟运行，查看实际的运行效果。

……

23

5.3 系统调试

当对系统的硬件及上位机调试结束后，即可将机械臂安装到超声波清洗设备上，进行整体调试。由于生产线较长，本设备安装有两套机械臂，将机械臂等设备安装到超声波设备上的整体效果如图 5.7 所示。

图 5.7 系统整体效果图

系统运行效果图如图 5.8 所示。图片 5.8(a)为机械臂到清洗槽中抓取工件的置物架，图 5.8(b)为机械臂从清洗槽中取出置物架并向下一个清洗槽转移时的情况，图 5.8(c)为机械臂将置物架放到下一个清洗槽后升起的情景。

(a)机械臂前往抓取置物架

(b)机械臂取出置物架

(c)机械臂放下置物架

图 5.8 系统运行效果图

24

6. 总结与展望

6.1 论文的工作总结

本文分析了国内外目前对于超声波清洗设备的研究情况，从系统的性能提升、使用安装便捷性和可扩展性的角度出发，尝试使用嵌入式控制器，设计了基于 DSP 微处理器的多机械臂控制系统。经过这段时间的努力，完成了系统硬件与软件的设计以及开发工作。对于整个系统，本论文做了如下工作。

(1) 首先通过对嵌入式芯片的学习，提出了基于嵌入式的多机械臂控制系统的整体构思，并分别对硬件平台和软件平台的实现方案进行了论证及选择，使本设计具有良好的安全性、实用性以及可扩展性。

(2) 实现了 DSP 作为主控制器在机械臂控制领域的应用，它与伺服电机控制器通过 IIC 总线连接，可轻松实现机械臂数量的增减。而且 DSP 芯片具有 CAN 总线等硬件接口，能为以后的大规模、多生产线协同控制以及生产线升级提供硬件支持。

(3) 通过对可能出现的故障和累积误差进行了简略分析，并提出了对应的解决方案，系统的安全性和稳定性有了不同程度的提高。

由于时间和个人能力的原因，整个系统还有进一步完善的空间。从目前来看，需要完善的地方如下。

(1) 当前 DSP 的控制程序还是裸机，没有操作系统，这可能会在系统的长期运行过程中出现响应慢、稳定性降低的问题，这个问题可以通过移植 RTOS 实时操作系统，进一步提高系统稳定性。

(2) 现在物联网产业如火如荼地发展，万物互联已深入人心，实现

25

Web 服务器的功能是顺应社会需要，同时也可以实现数据多端共享，方便对设备进行统一的监控和管理。

6.2 对环境及社会可持续发展的影响

超声波清洗设备在工业上的使用，对于提高工业生产的元器件的清洁度以及产品的品质、档次有着重要意义，同时一定程度地提高了社会生产效率，推动了可持续发展。该设备的设计弥补了传统的人工清洗效率低下、清洗洁净度不能保证等缺点。它提高了社会生产力和产品质量，从而在保证产品质量的情况下，为企业创造更大的经济效益，有效地提高企业的竞争力。因此，该系统符合当前的社会需要，在一定程度上改善了我国目前生产产品外观较为粗糙的现状。

带有机械臂的超声波清洗设备的应用，使得工业生产线实现智能化，有效地提高了清洗效率，改善了清洗质量；而元器件的生产是后期进行产品生产的基础，生产出更优质的元器件，能简化后期产品的生产流程，进而有效地提高后期产品的合格率和生产效率，间接地降低能源消耗以保护环境。

简言之，该系统可对社会的可持续发展和环境的可持续发展做出一定的贡献。

参考文献

[1] 宁柯军, 杨汝清. 基于多智能体的机械臂嵌入式系统控制[J]. 上海交通大学学报, 2005, 39(12): 2016-2024.

[2] 吴宏, 蒋仕龙, 龚小云, 等. 运动控制器的现状与发展[J]. 制造技术与机床, 2004(1): 24-27.

[3] 崔敏其, 李杞仪, 陈伟华. 基于期望轨迹非线性补偿的机械臂控制器设计[J]. 组合机床与自动化加工技术, 2013(11): 58-60.

[4] 赵春霞, 盛安冬, 杨静宇, 等. 基于多 AGENT 的分布式操作臂控制[J]. 机器人, 2000, 22(5): 401-409.

[5] 姜海林, 施恒, 宋桂林, 等. 一种新型超声波清洗设备[J]. 电子科技, 2016, 14(9): 8.

[6] 周海芳, 查帅荣, 章杰, 等. 一种基于嵌入式平台的机械臂体感控制系统[J]. 福州大学学报(自然科学版), 2015(4): 471-475.

[7] 蒋海涛, 窦普. 一种基于 DSP 的移动机器人控制器的开发[J]. 机械管理开发, 2008, 8(103): 182-184.

[8] 张淼. 基于 DSP 的无刷直流电机高性能调速系统的研究[D]. 西安: 西安电子科技大学, 2007.

[9] 李鲤, 刘善春. 基于 ARM 的机械臂控制系统分析[J]. 自动化与仪器仪表, 2012(2): 176-177.

[10] 吴朝霞, 宋爱娟, 化建宁, 等. 控制电机及其应用[M]. 北京: 北京邮电大学出版社, 2012.

[11] 简瑶. 基于 TMS320F2812 的无刷直流电机控制系统设计[D]. 西安：西北工业大学, 2007.

[12] 龚金国. 基于 DSP 的无刷直流电机数字控制系统的研究与设计[D]. 西安：西安理工大学, 2005.

[13] 林毅, 任德均. TMS3320F28335 的双电机同步控制平台设计[J]. 技术纵横, 2012(1): 210-222.

[14] 王兆安, 刘进军. 电力电子技术[M]. 5 版. 北京: 机械工业出版社, 2009.

[15] 洪乃刚. 电力电子、电机控制系统的建模和仿真[M]. 北京: 机械工业出版社, 2010.
[16] 阮毅, 陈伯时. 电力拖动自动控制系统——运动控制系统[M]. 4 版. 北京: 机械工业出版社, 2010.
[17] 王晓明. 电动机的单片机控制[M]. 4 版. 北京: 北京航空航天大学出版社, 2011.
[18] 韩安太. DSP 控制器原理及其在运动控制系统中的应用[M]. 北京: 清华大学出版社, 2003.
[19] 苏奎峰, 吕强, 邓志东, 等. TMS320x28xxx 原理与开发[M]. 北京: 电子工业出版社, 2009.
[20] 侯茗耀, 王库, 党帅. 黄瓜采摘机器人嵌入式系统的设计与实现[J]. 农机化研究, 2009, 31(8): 57-60.
[21] 金伟. 基于DSP的机械臂控制系统设计[J]. 自动化与仪器仪表, 2011(3): 30-32.
[22] 熊根良, 谢宗武, 刘宏. 基于 DSP/FPGA 的模块化柔性关节轻型机械臂[J]. 机械与电子, 2010(6): 48-53.
[23] 王书根, 王振松, 刘晓云. Modbus 协议的 RS485 总线通讯机的设计及应用[J]. 自动化与仪表, 2011, 26(5): 25-28.
[24] 李仙, 宋晓梅. IIC 总线在移动智能终端领域中的应用[J]. 电子设计工程, 2013, 21(21): 114-116.

附录

附录一　主控制核心原理图

……

附录二　伺服电机控制电路原理图

……

29

致谢

经过这段时间的努力，我的毕业设计终于完成了，这也意味着，我的四年大学生涯即将画上一个句号。回首过去，这四年我流过汗水，也落过泪水；笑过，也哭过；尝尽了酸甜苦辣，但我将永远不会忘记这充实、丰富且意义非凡的四年。同时，我不会忘记四年来朝夕相处的老师、同学和朋友。

首先，我要感谢我的父母一直以来对我的关心与呵护、支持与鼓励，他们的养育之恩对我来说有着非凡的意义，在我高兴的时候，他们陪着我兴奋；在我遭遇挫折的时候，他们给予我鼓励；在我对一点点成就而沾沾自喜、得意忘形的时候，他们给我提醒，让我及时地走出骄傲的险境。在以后的生活和工作中，我也会时刻铭记他们的恩情！

其次，我也要感谢大学给了我四年的美好时光，给了我舒适、温馨的学习环境和丰富的学习资源。在创新实验室的三年时间，我学到了很多，也成长了许多；深化了自己的理论知识，也大大增强了自己的动手能力。同时，我在其中认识了很多乐观开朗、团结奋进、志同道合的好朋友，慢慢明白了很多为人处世的道理，这些对我今后的职业生涯将会有很大的帮助。

我也要感谢我的指导老师，他工作踏实、作风严谨、平易近人、和蔼友善，在平时的学习、课题的设计与调试过程中，每当我遇到困难，他总是能耐心地给我指导。最后，我也要感谢四年来朝夕相处的同学，我们一起努力，相互鼓励，奋勇向前，度过了一段美好的时光；感谢教导过我的每位老师，有了你们含辛茹苦、诲人不倦地传授我知识，才有了如今的我。

30

附　录

附录 1（“封面”样式）

本科毕业设计（论文）

题目________________________________

学　院______________________________

年　级____________专　业____________

班　级____________学　号____________

学生姓名____________________________

校内导师____________职　称__________

校外导师____________职　称__________

论文提交日期________________________

附录 2（“中文摘要”样式）

论文题目及“摘要”两字用小三号宋体居中，单倍行距，段前 0.5 行，段后 1 行

基于实体建模的数控仿真系统环境的开发

摘　要

本文首先对数控加工动态仿真技术的定义、意义、研究重点、研究状况进行了介绍；并介绍了可用于开发数控仿真系统的实体造型平台——ACIS，包括 ACIS 的开发接口、数据结构、主要功能与特色以及在数控仿真系统开发中的应用；然后通过简要介绍数控加工的一些相关知识，引出了数控仿真系统加工环境的定义与该模块的实现方法；最后讲述了帮助文件的制作以及该系统帮助文件的结构。

关键词：数控加工　数控仿真　加工环境　帮助文件

黑体小四号

摘要内容用小四号宋体，2 倍行距，段前段后 0 行，首行缩进 2 个字符

用小四号宋体，关键词之间用两个空格分开

摘要及目录页页码，用大写罗马数字五号居中

I

附录 3（“英文摘要”样式）

用小三号 Times New Roman 字体，单倍行距，段前 0.5 行，段后 1 行，居中

The development of Environment for NC Simulation System

Based on the Solid Modelling

Abstract

First, the definition, significance, research emphases and status of NC machining verification technology are introduced in this paper. Then the platform—ACIS for the development of verification system, including its development interface, data structure, main functions, features and the application in the system is introduced. And, we indicate in brief the correlative knowledge of NC machining and then discuss the definition of the machining environment of NC machining verification system as well as the way that the module has been developed. Finally, we describe how to make Help Files and the structure of the Help Files in the system.

Key Words: NC machining; NC verification; machining environment; Help Files

Times New Roman 小四号加粗

摘要内容及关键词用小四号 Times New Roman 字体，2 倍行距，段前 0 行，段后 0 行，首行缩进 2 字符

II

附录 4（“目录”样式）

三号宋体居中，单倍行距，段前 0.5 行，段后 1.0 行

目　　录

1 级标题用四号黑体，不缩进，2 级标题用小四号宋体，缩进 1 个字符，3 级标题用小四号宋体，缩进 2 个字符，行距都是 1.5 倍，段前段后均为 0 行。对齐方式：分散对齐

附录 5（“正文”样式）

1. 一级标题，三号宋体居中，单倍行距，段前 0.5 行，段后 1 行

1.1　二级标题，四号宋体加粗，左对齐

1.1.1　三级标题，小四号宋体，左对齐

正文用小四号宋体，首行缩进 2 个字符，行距 1.5 倍，段前段后为 0 行

参 考 文 献

杜文洁, 2015. 高等学校毕业设计(论文)指导教程：电子信息类专业[M]. 北京：中国水利水电出版社.
贾开武, 2015. 应用型土木工程专业毕业设计指导书 [M]. 北京：中国建筑工业出版社.
李继民, 李珍, 2009. 计算机专业毕业设计(论文)指导[M]. 北京：清华大学出版社.
李阳, 2016. 电气与自动化类专业毕业设计指导[M]. 北京：中国电力出版社.
卢彰诚, 2013. 电子商务专业毕业设计指导[M]. 北京：清华大学出版社.
王辉, 2016. 通信电子类毕业设计指导及实例[M]. 北京：电子工业出版社.
杨路明, 2005. 电子信息类专业毕业设计(论文)指导教程[M]. 长沙：中南大学出版社.
张黎, 王坤, 2015. 高等学校毕业设计(论文)指导教程：机械类专业[M]. 北京：中国水利水电出版社.